LES PLUS EXCELLENTS

# BASTIMENTS

## DE FRANCE

# LES PLUS EXCELLENTS

# BASTIMENTS

## DE FRANCE

PAR

## J.-A. DU CERCEAU

SOUS LA DIRECTION

### DE M'. H. DESTAILLEUR

*Architecte du Gouvernement*

GRAVÉS EN FAC-SIMILE

PAR M'. FAURE DUJARRIC, ARCHITECTE

*NOUVELLE ÉDITION*

AUGMENTÉE DE PLANCHES INÉDITES DE DU CERCEAU

———

**TOME PREMIER**

## PARIS

A. LÉVY, LIBRAIRE-ÉDITEUR

29, RUE DE SEINE, 29

———

M DCCC LXVIII

# LE PREMIER VOLVME

## des plus excellents Basti-
## ments de France.

Auquel font defignez les plans de quinze Baftiments, & de leur contenu :
enfemble les eleuations & fingularitez d'vn chafcun.

### PAR IACQVES ANDROVET, DV
### CERCEAV, ARCHITECTE.

A PARIS,

## Pour ledit Iacques Androuet, du Cerceau.

M. D. LXXVI.

LE COMBAT DVN CHIEN CONTRE VN GENTILHOMME
QVI AVOIT TVE SON MAISTRE FAICT A MONTARGIS

# NOTICE

SUR

## JACQUES ANDROUET DU CERCEAU[1]

ET SON LIVRE

### *DES PLUS EXCELLENTS BASTIMENTS DE FRANCE*

ENRI II, en montant sur le trône le 31 mars 1547, trouva, grâce aux soins intelligents de son père, une pépinière d'artistes français qui, tout en étudiant et apprenant l'art italien, avaient su lui donner en France une forme originale.

Il est plus que probable que Jacques Androuet du Cerceau n'appartenait pas à cette première génération d'artistes formés par François Ier, et que sa jeunesse ne lui permit pas de prendre une part active aux constructions élevées sous le règne d'Henri II; son nom, du moins, ne se trouve dans aucun des comptes de dépense de cette époque.

Suivant moi, la naissance d'Androuet du Cerceau, que, dans un autre ouvrage,[1] j'avais placée vers 1515, devrait être reportée à une date postérieure, vers 1520.

1. *Notices sur quelques Artistes français, Architectes, Dessinateurs, Graveurs, du XVIe au XVIIe siècle.* Paris, Rapilly, 1863.

En adoptant cette supposition, notre artiste aurait fait son voyage d'Italie en 1545, à vingt-cinq ans, profitant de la tranquillité dont jouissait ce pays, grâce à la paix conclue à Crespy, en 1544, par François I<sup>er</sup> et Charles-Quint; de retour vers 1548, on le retrouve à Orléans, en 1549, à la tête d'un atelier de gravure. Là, déployant toute l'activité de la jeunesse, il se hâte de mettre au jour ses études d'Italie : les arcs d'abord ; puis, en 1550, les grotesques, les fragments antiques, les temples ; en 1551, les vues perspectives et quelques compositions d'architecture fort remarquables comme goût et agencement.

De 1551 à 1559, époque où parut son premier livre d'architecture, le nom de du Cerceau n'apparaît sur aucun livre; il avait alors trente-neuf ans et devait être dans toute la force de son talent.

Il serait naturel de croire qu'à cette époque appartient la publication de ses plus charmantes productions : les vases, les meubles, la serrurerie, les trophées d'armes, les cartouches, les bijoux, etc., etc. — On ne connaît à ces différentes suites aucun titre, aucune date. Du Cerceau, pressé d'alimenter l'atelier de graveurs qu'il avait créé, n'a-t-il cherché qu'à satisfaire une clientèle d'artistes et d'artisans de toute classe, qui réclamaient des modèles et non des livres? ou bien se réservait-il de réunir ces suites afin d'en faire un traité complet de l'art décoratif?[1] C'est ce qui reste et restera ignoré.

En étudiant l'œuvre de du Cerceau on est frappé d'un fait qui doit être constaté : c'est du sans-façon avec lequel il s'approprie par la reproduction le travail d'autrui.

Du reste, ces copies, car il faut appeler les choses par leur nom, sont loin de perdre sous son burin; il leur communique ce goût, ce sentiment qui animaient tous les artistes de l'école de Fontainebleau. Si, dans les grotesques, il copie Ænéas Vico, il ne le fait pas servilement, et il a soin d'y joindre des compositions tout à fait françaises de sentiment, dont la paternité restera toujours indécise.[2] Il en est de même des vases; beaucoup sont empruntés aux maîtres italiens, quelques-uns aux orfèvres de l'école de Nuremberg; mais il en est de ravissants qui lui appartiennent par la forme originale qu'il leur a donnée et les gracieux détails qu'il y a mis[3].

En 1560, paraît un deuxième volume d'arcs antiques; en 1561, son second livre d'architecture; et en 1572, son troisième livre vient compléter cette série de modèles d'habitations à la ville et à la campagne, accompagnés des constructions accessoires et des détails d'ornementation qui les complètent, tels que : fontaines, puits, pavillons, portes, cheminées, etc.

Enfin parut, en 1576, le premier volume Des plus excellents Bastiments de France. — Suivant mon opinion, du Cerceau aurait eu alors cinquante-six ans, et cinquante-neuf en 1579, lors de la publication du deuxième volume, dont la préface contient les doléances de l'auteur sur la vieillesse, qui ne lui permet plus de faire telle diligence qu'il eût faite autrefois.

Quoique cinquante-neuf ans ne soit pas la vieillesse, il faut bien se rendre compte qu'au XVI<sup>e</sup> siècle le travail dont parle du Cerceau exigeait une santé et des forces qui n'appartiennent pas à un vieillard. Voyager à cheval au milieu des bandes armées que les guerres de religion avaient fait naître en France, dessiner, relever et mettre en mesure trente maisons royales ou châteaux, sont le fait d'un homme encore vigoureux, et l'âge de cinquante-cinq à cinquante-neuf ans me paraît en rapport avec les fatigues nécessaires pour recueillir les matériaux d'une publication aussi importante.

Afin de terminer de suite ces détails très-abrégés de bibliographie, j'ajouterai qu'en 1576, du Cerceau publia des leçons de perspective positive; en 1578, un plan de Rome d'après Pirro-Ligorio; en 1583, un traité des Cinq Ordres; et enfin, en 1584, le livre des édifices antiques romains : celui-ci est dédié à messire Jacques de Savoie, duc de Genevois et de Nemours, gendre de Renée de France, duchesse de Ferrare, qui, jusqu'à sa mort, avait été la protectrice de du Cerceau.

1. Voici le titre d'un livre de ce genre : *liure artificieux et très-prousitables pour Peintres, Tailleurs des imaiges et Daantiques Orfebres, & plusieurs aultres gens ingénieuses.* — *Nouvellement imprimés l'an* 1549, *et se vend en Anvers.*

2. Derrière une pièce des grandes arabesques ou grotesques, j'ai trouvé écrit d'une main ancienne la note suivante : *Un des vitraux peints en grisaille, par Jean Cousin, au château d'Anet, dans la chambre à coucher de Diane de Poitiers.*

3. J'ajouterai à ces divers exemples : *les Vues perspectives,* empruntées à Michel Crocchi ; *les Monuments antiques,* à Jean Blum ; *les Ruines de Rome,* à Baptiste Pison ; *les Palais, Rues et Maisons de villes,* etc., à Jean Uredmann Urids ; *les Divinités de la Fable, les Travaux d'Hercule,* à J. Caraglio ; *l'Histoire de Psyché,* etc., etc.

Ces derniers ouvrages se ressentent évidemment de l'âge de l'artiste, qui dut mourir peu après.

Parmi les auteurs qui ont écrit à ce sujet, les uns font mourir du Cerceau à Orléans, en 1585,[1] ou à Turin,[2] d'autres à Annecy ou à Genève;[3] ces diverses conjectures, tout en étant plus ou moins plausibles, ne sont nullement justifiées. A partir de 1584, on perd la trace de Jacques Androuet du Cerceau; il aurait eu, suivant moi, à cette époque, environ soixante-quatre ans.

L'ouvrage Des plus excellents Baftiments de France est le grand œuvre de du Cerceau. Conçu dès 1550,[4] il en poursuivit avec opiniâtreté l'achèvement, implorant la libéralité du roi Charles IX,[5] et s'excusant auprès de la reine Catherine de Médicis, au commencement de 1576,[6] de n'avoir pu encore mettre au jour son ouvrage des Baftiments de France, par suite des difficultés de tout genre qu'il a été obligé de vaincre.

Il paraît que la reine Catherine, si favorable aux artistes, ne se montra pas indifférente pour Androuet du Cerceau, car c'est à elle qu'il dédie son premier volume, et c'est encore à elle qu'il rapporte tout l'honneur de son travail dans la dédicace de son second volume (1579).

Il est utile d'observer que du Cerceau, en relation directe dès 1559 avec le roi Henri II et la reine Catherine, ne paraît avoir été chargé d'aucune construction importante.

Doit-on attribuer ce fait aux troubles qui agitaient alors la France, ou à la position prise par du Cerceau d'architecte, dessinateur, graveur, renonçant à prendre une part active aux travaux? Ces questions ne peuvent être résolues que par des pièces officielles qui sont encore à trouver.

L'ouvrage de du Cerceau est unique dans son genre, parce qu'il résulte d'une situation unique. Il n'a jamais existé de pays où le roi et la noblesse, malgré des guerres continuelles, aient possédé le goût des arts au point de construire, dans un espace de cinquante à soixante ans (1515 à 1570), vingt-quatre maisons royales ou particulières de l'importance de Chambord et d'Anet, sans parler des innombrables châteaux, habitations, etc., dont on admire les restes à Lyon, Rouen, Orléans et dans toutes les provinces.

On demeure confondu en songeant à la prodigieuse activité qu'il a fallu déployer pour arriver à construire des édifices aussi importants, aussi complets au point de vue de l'art.

Dans aucun pays de l'Europe, le goût des belles habitations ne prit cette proportion : l'Italie même, malgré ses nombreux artistes, n'atteint pas cette fécondité; il lui faut près de quatre-vingts ans pour élever ces palais et villas si célèbres de la Farnésine, Caprarola, Médicis, Monte-Dragone Madama, Papa Giulio, etc., etc.

Quant aux autres pays, malgré la part qu'ils ont prise au mouvement des arts à cette époque, aucun d'eux ne peut produire un livre renfermant les plans, coupes et élévations de trente palais ou châteaux exécutés en quelques années et pouvant être regardés comme des modèles achevés de goût, d'élégance et de grandeur. Il est inutile d'insister; j'ajouterai seulement que la main des hommes bien plus que le temps a détruit la plupart de ces magnificences : Madrid, Creil, Montargis, Verneuil, n'existent plus; le Louvre, Vincennes, Coussy, Gaillon, Blois, Amboise, Fontainebleau, Villiers-Cotterets, les Tuileries, Chantilly, Anet, Écouen, etc.,

---

1. Polluche. Essais historiques sur Orléans.

2. Callet. Notice historique sur quelques Architectes français du XVI⁰ siècle. Paris, 1843.

3. A. Berty. Les grands Architectes français de la Renaissance. Paris, 1869.

4. Dans la préface de son livre des Temples on lit : « Dorénavant, je suis résolu à classer de telle sorte les ouvrages qui sortiront de notre atelier (ex officina), qu'un livre spécial sera consacré à chaque genre d'édifices; c'est ce que j'ai déjà fait pour les arcs. Aussi un livre sera consacré aux Temples, un aux Tombeaux, un aux Fontaines, un autre aux Cheminées, UN AUTRE ENCORE AUX CHATEAUX, PALAIS, RÉSIDENCES ROYALES ET ÉDIFICES DU MÊME GENRE. »

5. « Sire, eftant Votre Majesté à Montargis ie receus de bien de votre accoutumée bénignité & clémence de me prefter l'oreille à vous discourir de plusieurs bastiments excellents de votre royaume : et entre autres propos, me demandant si ie parachevoit les liures des Baftiments de France. Mon aage & indisposition serviront de légitime excuse, n'ayant moyen sans votre libéralité de me transporter sur les lieux afin d'en honneur les desseings, pour après les mettre en lumière & satisfaire à vos commandements. » — Livre d'Architecture. Paris, 1572.

6. « Madame, si l'iniure du temps & troubles qui ont cours n'eussent empesché mon accès et veue des chafteaux & maisons que Votre Majesté désire être comprins aux liures qu'il vous a pleu me commander de dresser & dessiner des plus excellents palais, maisons royales & édifices de ce royaume, dès à présent, i'aurais satisfaict à votre volonté. » — Leçons de perspective positive. Paris, 1576.

sont plus ou moins mutilés par les suppressions et restaurations qu'ils ont subies. Enfin *Chambord, Saint-Germain, Ancy-le-Franc, Chenonceaux, Dampierre* ont, je crois, seuls conservé leur aspect original.

Le livre des *Baſtiments de France* est donc le livre par excellence qui résume l'architecture française sous les derniers Valois.

J'ai prouvé par quelques exemples que du Cerceau copiait assez volontiers les œuvres des artistes étrangers ; j'ai la ferme persuasion que les recueils du maître sont en grande partie des reproductions des travaux des artistes français de l'époque.[1]

Il serait alors facile de s'expliquer pourquoi le livre des *Baſtiments de France* contient si peu de détails ; pourquoi, par exemple, un palais comme Fontainebleau n'est accompagné d'aucun de ces nombreux motifs de décoration dont les débris font encore notre admiration. Du Cerceau ayant déjà publié dans ses recueils les plus intéressants de ces motifs ne pouvait pas les répéter dans son livre.

Un troisième volume, relatif aux bâtiments construits à Paris, avait été projeté par du Cerceau ;[2] il n'en existe que les planches suivantes, qui sont de la plus grande rareté : *la Bastille, la grande Salle du Palais, la Fontaine des Innocents, le Pont Saint-Michel* et *le baſtiment construit entre le petit Pont et l'Hôtel-Dieu.* Il faut ajouter à ces pièces *un Plafond du Louvre,* qui était inconnu jusqu'ici ; *le bas-relief qui formait le dessus de la grande cheminée du Château de Montargis,* représentant le combat d'un chien contre un gentilhomme qui avait tué son maître ;[3] et enfin *une Fontaine du parc de Verneuil,* qui se trouve habituellement dans un recueil de détails d'ordres d'architecture publié par du Cerceau sans titre ni texte.

La première édition des *Baſtiments* parut, comme je l'ai dit plus haut, en 1576 et 1579, la seconde en 1607, et la troisième sous le titre de *Livre d'Architecture,* à Paris, chez P. Mariette, rue Saint-Jacques, à l'Espérance, 1648.

Il n'existe aucune différence entre ces éditions.

---

1. Plusieurs planches des cartouches et des grotesques portent les chiffres de François Iᵉʳ, de Charles IX, de Diane de Poitiers ; ce qui indique clairement que ces détails ont été composés pour ces princes et que du Cerceau les a simplement reproduits.

2. Dans la dédicace au roi Charles IX, second livre d'architecture, on lit : « Vous suppliant très-humblement, Sire, qu'il « vous plaise le recevoir bénignement de votre très-affectionné serviteur & subject, attendant que Dieu me fasse la grâce de « vous en présenter une autre (livre), selon qu'il m'a été permis & ordonné par vos prédécesseurs roys, tant des desseins & œuvres « singulières de votre ville de Paris, comme de vos palais & baſtiments royaux, avec aucun des plus somptueux qui se treuvent « entre les aultres particuliers de vostre noble royaume. »

3. Cette pièce est reproduite sur bois en tête de cette notice.

# A TRESILLVSTRE ET TRES-

## VERTVEVSE PRINCESSE CATHERINE DE

### MEDICIS, ROYNE, MERE DV ROY.

ADAME, Apres qu'il a pleu à Dieu nous enuoyer par voftre moyen vne paix tant neceffaire & defiree de tous, i'ay penfé ne pouuoir mieulx à propos mettre en lumiere ce premier Liure des Baftiments exquis de ce Royaume : efperans que nos pauures François (és yeux & entendemens defquels ne fe prefente maintenant autre chofe que defolations, ruines & faccagemens, que nous ont apporté les guerres paffees) prendront, peult eftre, en refpirant, quelque plaifir & contentement, à contempler icy vne partie des plus beaux & excellens edifices, dont la France eft encores pour le iourd'huy enrichie. Ce qu'ayant fait de quinze Baftiments feulement, pour m'auoir femblé iufte la groffeur d'vn premier volume, ie l'enuoye foubs la faueur de voftre nom : auec promeffe, fi Dieu me prefte vie & fanté, de faire bien toft fortir le fecond, voire le tiers, fi tant eft que trouuiez bon ce commencement, & approuuiez ces miens labeurs, comme auez daigné iufques icy. Proteftant, Madame, fi d'iceux il en peult venir à la France quelque honneur, contentement ou profit, qu'il vous doibt eftre attribué, n'ayant entreprins ce long & penible ouurage, que fuyuant voftre commandement, & pourfuyui que par voftre liberalité. Ce pendant,

MADAME, Ie prie le Seigneur Dieu vous faire la grace de pouuoir longuement, & en fanté, iouir du fruiĉt & contentement d'vne bonne paix, enfemble de l'accompliffement de vos fainĉts defirs.

De voftre Maiefté le tref-humble & tref-obeiffant feruiteur IACQVES ANDROVET DV CERCEAV.

# LE CHASTEAV DV LOVVRE.

Es deſſeings figurent & repreſentent le Chaſteau Royal du Louure, renommé par toute l'Europe, auquel les Roys de France ont de tout temps fait leur principale demeure, eſtans en leur ville de Paris, capitale de ce Royaume. Il eſt aſſis ioignant les murailles de la ville, du coſté d'Occident : au long duquel paſſe la riuiere de Seine : & ſeruoit anciennement pluſtoſt de fortereſſe, que de logis Royal. Au milieu de la court y auoit autrefois vne groſſe tour ronde, pareille à celle qui eſt en la conciergerie du Palais de laditte ville, deſtinée entre autres choſes pour mettre & ſerrer les deniers & finances du Roy. Mais d'autant qu'elle occupoit partie d'icelle court, & offuſquoit l'interieur du logis, par le commandement du feu Roy François premier, elle fut demolie & raſee : & peu apres commencé le baſtiment de la face, où de preſent ſont les grandes ſalles du premier & deuxieſme eſtage, regardant la porte & entree : au coing duquel eſt le grand eſcallier, ſeruant de paſſage pour aller aux offices de cuiſine hors le Chaſteau. Ceſte face de maçonnerie eſt tellement enrichie de colomnes, friſes, architraues, & toute ſorte d'Architecture, auec ſymmetrie & beauté ſi excellente, qu'à peine en toute l'Europe ne ſe trouuera ſa ſeconde. A l'autre bout, du coſté de la riuiere, y a un fort grand pauillon, merueilleuſement beau & commode pour le logis de ſa Maieſté. Le tout commencé, ainſi que i'ay dit, du viuant du feu Roy François, & paracheué par le Roy Henry ſon fils, ſoubs l'ordonnance & conduite du ſeigneur de Clagny. Ce que le Roy Henry ſe trouuant grandement ſatiſfait d'vne œuure ſi parfaicte, delibera la faire continuer és trois autres coſtez, pour rendre ceſte court nompareille. Et ainſi par ſon commandement fut commencé l'autre corps de baſtiment depuis le ſuſdit Pauillon, tirant le long de la riuiere : lequel a eſté pourſuiuy par les Roys François ſecond, & Charles neuſieſme, dernier decedé, ſes enfans, ou pluſtoſt par la Royne leur mere, iuſques à l'endroit, où ſera aſſis vn autre eſcallier, pour ſeruir audit corps de logis. Dauantage ont eſté par ladite dame encommencez quelques accroiſſemens de galleries & terraces, du coſté du Pauillon, pour aller de là au Palais qu'elle a fait conſtruire & edifier au lieu appelé les Tuilleries. Quant au vieil édifice, il eſt demeuré en ce qui reſte, en ſon entier iuſques à preſent. Duquel toutefois ie n'ay fait aucun plan icy, pour l'eſperance que i'ay, qu'auec le temps l'œuure nouueau ſe paracheuera. Me contentant d'auoir repreſenté celuy des ſuſdits premier & ſecond eſtages neufs, auec les deſſins & eleuations de ce qui eſt debout, & de certaines pieces les plus remarquables, comme le Tribunal & autres.

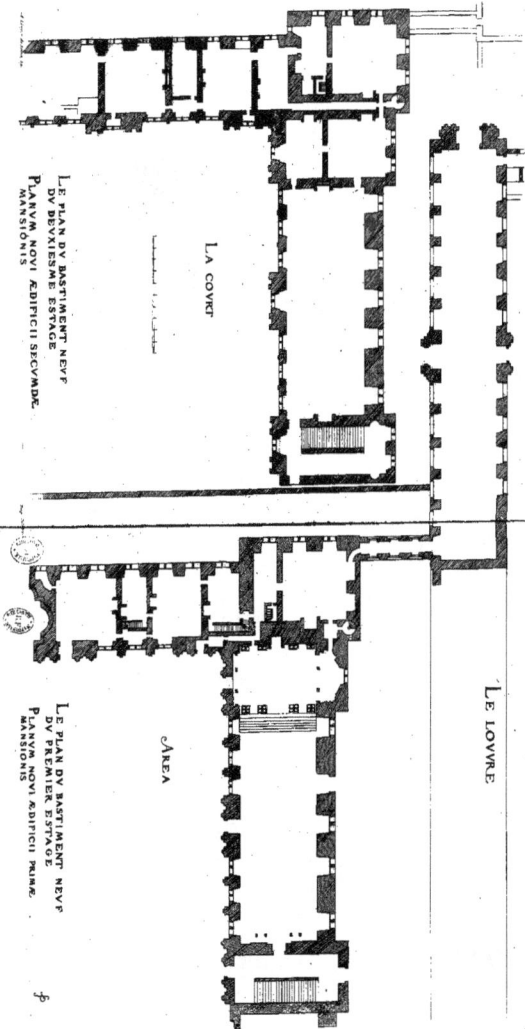

LE PLAN DV BASTIMENT NEVF DV DEVXIESME ESTAGE PLANVM NOVI ÆDIFICII SECVNDÆ MANSIONIS

LA COVRT

LE LOVVRE

AREA

LE PLAN DV BASTIMENT NEVF DV PREMIER ESTAGE PLANVM NOVI ÆDIFICII PRIMÆ MANSIONIS

FACIES GEOMETRICÆ EXTERIORES PAVILIONIS ITEM
EIVS PARTIS ÆDIFICII QVÆ FLVMINI NECNON EIVS
QVÆ AREÆ MINISTERII IMMINET

LE LOVVRE

LES FACES DV DEHORS TANT DV PAVILLON QVE
DV CORPS DE LOGIS DEVERS LA RIVIERE
QVE DE CELVI DV COSTE DE LA COVRT DES OFFICES

LE LOVVRE

FACIES GEOMETRICA ILLIVS
PARTIS PAVILIONIS QVÆ
FLVMEN RESPICIT

FACE GEOMETRALE DV
PAVILON DV COSTE DE
LA RIVIERE

1061

L'ordre de l'architecture le dauxelget selon de la
calte des falles dans la cour du Louures

DONEC
TOTVM
IMPLEAT
ORBEM

EXTERIOR, ARCHITECTVRÆ FACIES
AREAM VERSVS TERTIÆ MANSIONIS
CASTELLI DVLOVVRE

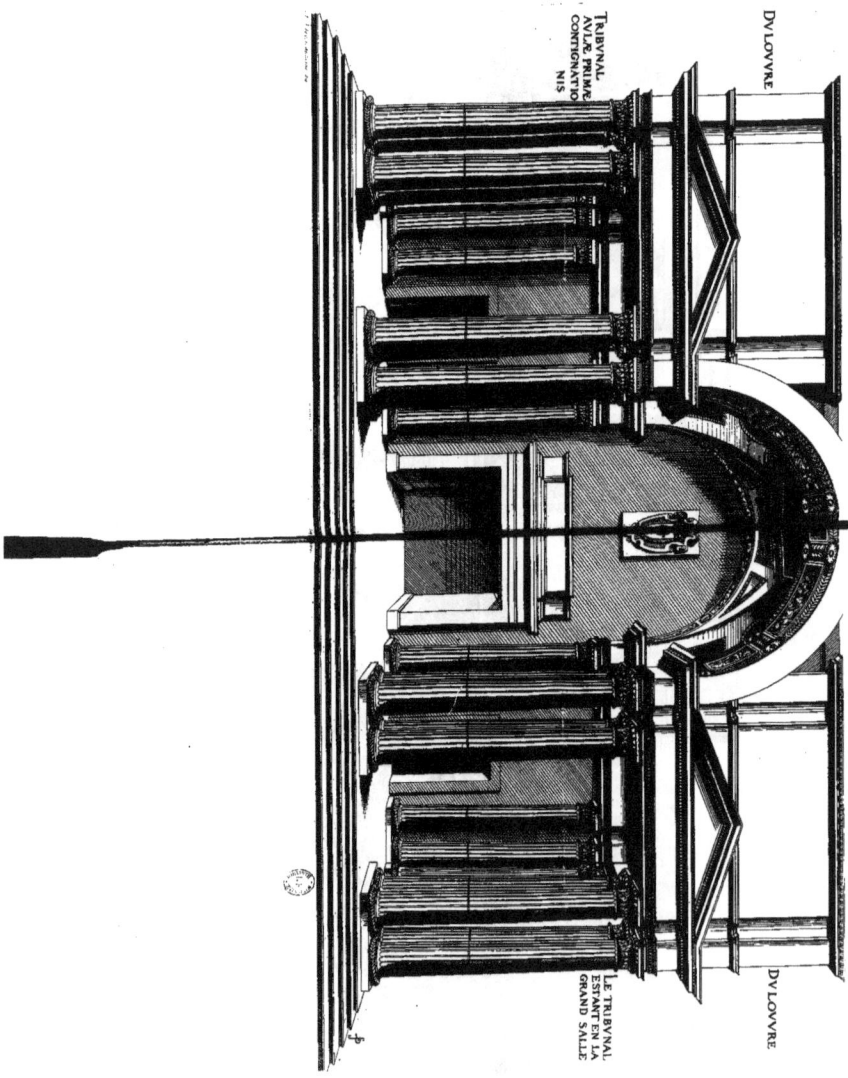

TRIBVNAL
AVLÆ PRIMÆ
CONTIGNATIO
NIS

LE TRIBVNAL
ESTANT EN LA
GRAND SALLE

DV
LOVVRE

LA FACE
OPPOSITE
DV TRIBV-
NAL.IBV.

DV
LOVVRE

FACIES
TRIBVNALI
OPPOSITA

PLAFOND D'VNE DES SALLES DE
L'APPARTEMENT D'HENRI II

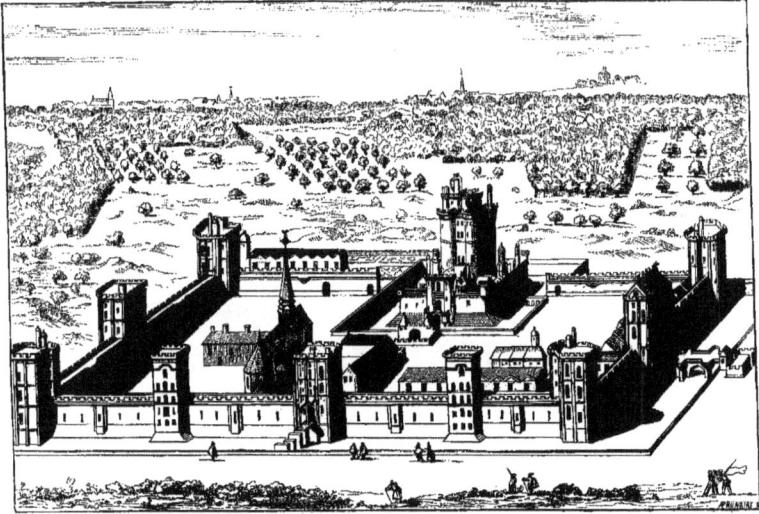

# VINCENNES

La notice de Du Cerceau serait incomplète si l'on n'y joignait le texte d'une inscription qui existait avant la Révolution; Millin, d'après qui je la donne, indique de la manière suivante la place où elle se trouvait :

« A côté du pont-levis pour les voitures, il y en avait un petit pour les gens de pied. A main « droite du premier, on voit sur le mur une large table en marbre noir dans un cadre de fer, « sur laquelle sont gravés, en caractères gothiques, les vers suivants qui contiennent l'histoire « du donjon :

« Qui bien considère cette œuvre
« Si comme se montre & descœuvre,
« Il peut dire que oncques à tour
« Ne vit avoir plus noble atour.
« La tour du bois de Vinciennes
« Sur tours neusves & anciennes
« A le prix. Ors sçavez en ça
« Qui la parfist & commença :
« Premièrement, Philippe roys,
« Fils de Charles, comte de Valois,
« Qui de grand prouesse habonda,
« Jusques sur terre la fonda,
« Pour s'en soulacier & esbattre,

> « L'an mil trois cens trente trois & quatre;
> « Après vingt & quatre ans passez,

> « Et qu'il étoit jà trépassez,
> « Le roi Jean, son fils, cet ouvrage
> « Fist lever jusqu'au tiers estage (1),
> « Dedans trois ans par mort cessa;
> « Mais Charles roi, son fils lessa,
> « Qui parfist en briefves saisons,
> « Tours, ponts, braies, fossez, maisons.
> « Nez fut en ce lieu delitable :
> « Pour ce l'avoit pour agréable
> « De la fille au roy de Bahaigne,
> « Et or a épouse & compaigne,
> « Jeanne, fille au duc de Bourbon,
> « Pierre en toute valeur,
> « De lui il a noble lignie,
> « Charles le Delphin & Marie.
> « Mestre Philippe Ogier témoigne
> « Tout le fait de cette besoigne.
> « Acheverons. Chacun supplie
> « Qu'en ce mond leur bien multiplie,
> « Et que les nobles fleurs de liz,
> « — Ez saints cieux aient leurs déliz. »

Cette inscription a disparu.

En terminant sa notice, Du Cerceau déclare qu'il supprime la chapelle & plusieurs bâtiments qui, selon lui, ne répondent pas au *Jarbe* du château; le mot *Jarbe* ou *Garbe* est un vieux mot français tiré de l'italien Garbo (2), il signifie habituellement l'aspect, la mine, l'air d'une personne; Du Cerceau l'applique ici à un bâtiment. — Il est fort regrettable que cette fantaisie de l'auteur nous ait privé d'un plan exact. Pour suppléer à cette grave lacune, je publie une vue perspective du château gravée par Jean Boisseau vers 1610; bien qu'elle soit à une petite échelle, elle donne, d'une manière assez claire, l'aspect général de tous les bâtiments existant avant 1610. Comme on n'y voit pas les pavillons du roi & de la reine dont Catherine de Médicis avait jeté les fondements en 1560, mais qui ne furent commencés réellement qu'en 1610, on peut placer avant cette époque la date du dessin de Jean Boisseau.

La chapelle, dont l'architecture est fort remarquable, a été commencée en 1379, & achevée en 1552. On y voit encore quelques-uns des beaux vitraux de Jean Cousin.

Vincennes conserva jusqu'en 1808 le pittoresque aspect de ces hautes tours; à cette époque elles furent dérasées au niveau du mur d'enceinte. Elles avaient 31m 60 de hauteur & portaient les noms suivants :

Tour du Village. — Tour de Paris. — Tour du Réservoir. — Tour de Calvin. — Tour du Gouvernement. — Petite tour, Tour de la Reine, Tour de la Surintendance.— Tour de la Reine-Mère.— Tour de la Porte-du-Roi.— Tour du Roi.

Vincennes est à 7 kilomètres 600 mètres de Notre-Dame de Paris.

---

(1) Un compte de dépense de 1362 donne le chiffre des ouvriers employés, savoir : 80 tailleurs de pierre, 200 maçons, — 200 compagnons & 100 varlets. — L'appareilleur se nommait Guillaume Aroudel. Les maîtres tailleurs de pierre recevaient 4 sols par jour, les maçons 3, les compagnons 2, les varlets 8 deniers. — La pierre provenait des carrières de Charenton & de Chantilly.

(2) Voir Ménage : *Dictionnaire étymologique de la langue française.* — Paris, 1750. — 2 volumes in-4°.

# DOCUMENTS

## TABLEAUX ET DESSINS

Vue du château de Vincennes du côté du parc, — par Gabriel Allegrain. — H. 2,96; l. 2,23. — Musée de Versailles, salle 36, n° 764.

Château de Vincennes d'après Lebrun & Van der Meulen. Auguier passe pour avoir fait l'architecture de ce tableau. — H. 3,21; l. 5,17. — Musée de Versailles, salle 169, n° 4,686.

Vue du château de Vincennes, par Van der Meulen, 1669. — H. 0,53; l. 0,95. — Musée de Versailles, salle 165, n° 4,342.

Il existe trois dessins sur Vincennes dans le recueil de la *Topographie française* existant à la Bibliothèque impériale. — Le plus intéressant représente Vincennes du côté de l'entrée principale & du côté de la Pissote. — In-fol. obl. — XVIII° siècle. — Le second est un plan qui, malheureusement, est du commencement de ce siècle. — Enfin, le troisième est une esquisse tellement vague, qu'elle ne peut fournir aucun renseignement.

## GRAVURES DATÉES

PLAN DE J. GOMBOUST (1652). — Vue de Vincennes sur la feuille IX.

Divers plans de Paris, ceux de Berey, de De Fer, de Gaspard de Bailleul, entre autres, offrent dans leurs entourages des vues de Vincennes; ce sont en général des copies assez grossièrement exécutées de la planche de Boisseau.

Vue générale du château de Vincennes dessinée & gravée par Berey le fils en 1715.

On lit au bas : A Paris, chez Berey, graveur, rue Saint-Jacques, à la Vieille Poste. — In-fol. obl. — Bibl. imp.

Vue du château de Vincennes près Paris.

Au bas, à gauche : L.-G. Moreau pinxit, 1783; à droite : Élysée Saugrain sculps; Moreau direxit. — In-fol. obl. — Bibl. imp.

Vue de Vincennes assez intéressante.

On lit en haut de l'estampe : Dessiné du quartier des philosophes au collége de Plessis à Paris.

Au bas se trouve gravé le quatrain qui suit :

« Fais grâce à la copie & n'en dis point de mal,
        « Car tu ne saurais plus que dire,
    « S'il te fallait un jour, dans ce lieu de martyre,
        « En contempler l'original. »

De Mahé fecit & sculpsit, 1716.

## GRAVURES NON DATÉES

BOISSEAU. — Le château royal du bois de Vincennes. En bas, à gauche, on lit : Boisseau, excu cum priv; & à droite, un n° 3. — In-4° obl.

Casteel ims Vincennes Wald.

. . . . . . Vue hollandaise; au bas, dans un cartouche, on voit l'arrestation du prince de Condé par Guitaut. — In-fol. obl. — Bibl. imp.

CABINET DU ROY. — Plan général du château & petit parc de Vincennes. — Gr. in-fol.

Détail du portail de Vincennes, en face de la cour pour entrer dans le parc, par le sieur Le Veau.

Dorbay del. — Jean Marot sculp.

Veue & perspective du chasteau de Vincennes, du costé de l'entrée du parc, dessiné & gravé par P. Brissart.

ŒUVRES DE VAN DER MEULEN. — Le roy dans sa calèche accompagné des dames, dans le bois de Vincennes.

On lit au bas & à gauche : Dessiné pour le Roy très-chrétien, par F. Van der Meulen.

Vue du château de Vincennes du côté du parc.

On lit au bas :

Æ Van der Meulen ad vivum pinxit. — Æ & Æ Banduens sculpsit.

ISRAEL SILVESTRE. — Veue & perspective du chasteau de Vincennes commencé l'an 1357 par Philippe de Valois.

On lit au bas : Israël Silvestre.

Veue du chasteau de Vincennes; du côté du parc, Silvestre delineavit. — A. Perel sculpsit. —

Veue du chasteau de Vincennes; au bas : Silvestre fecit, Israël exudit. —

Veue de Vincennes. — Silvestre del.

Vue du château de Vincennes du côté du parc. On lit en bas & à gauche : Chez Leblond, rue Saint-Jacques; & à droite : A la Cloche d'Argent, avec privilége du roy. — In-fol. obl.

PERELLE. — Vue générale de Vincennes. — A Paris, chez N. Langlois. — In-fol. obl.

Le château de Vincennes à une lieue de Paris. — Chez Nicolas Langlois. — In-fol. obl.

L'arc ou portique de Vincennes. — A Paris, chez N. Langlois. — In-fol. obl.

Autre petite vue de l'entrée du château prise dans le bois. — in-8° obl.

A. PERELLE. — Veue & perspective du chasteau de Vincennes. — Nic. de Poilly exc. — Æ. Perelle del. & sculp. — 3 t.

AVELINE. — Veue et perspective en général du chasteau royal de Vincennes du costé du parc. . . . . fait par Aveline. — Et se vend à Paris, rue Saint-Jacques, à la route de France.

On lit en haut dans une banderole : Vincennes. — Grd in-fol. obl.

Veue & perspective en général du chasteau royal de Vincennes. . . . . . fait par Aveline. — In-fol.

Veue & perspective du chasteau de Vincennes. — Nicolas de Poilly exc. cum priv. regis. — In-fol. obl.

Le château de Vincennes.

Au bas & à gauche : A Paris, chez Crepy, rue Saint-Jacques. — In-fol. obl. — Bibl. imp.

Vincennes. — Chasteau royal à une lieue de Paris.

On lit au bas de la planche : A Paris, chez Chereau.

Veue de Vincennes.

Au bas, à gauche : A. Watteau pinxit ; à droite : Boucher sculps. — In-fol. obl. — Bibl. imp.

J. RIGAUD. — Vue générale du château de Vincennes du côté du grand corps de garde.

On lit en bas & à gauche : J. Rigaud sculpsit ; & à droite : Chez l'auteur, rue Saint-Jacques. — Gr. in-fol. obl.

Vue du château royal de Vincennes du côté du jardin, prise au bord de la terrasse.

On lit à gauche : J. Rigaud. inv. sculpsit ; & à droite : Chez l'auteur, rue Saint-Jacques.

Vue du château & du donjon de Vincennes, près Paris, prise du côté du bois.

A Paris, chez Esnaut jeune, marchand d'estampes, boulevard Montmartre ; n° 7 des boutiques de Frascati, près la rue de Richelieu. — In-fol. obl.

Vue du château de Vincennes prise du côté du parc.

En bas & à gauche on lit : Dessiné par Courvoisier ; & à droite : Gravé par Dubois, à Paris, chez Basset, rue Saint-Jacques, n° 64.


## BIBLIOGRAPHIE


Les monuments de la monarchie française avec les figures de chaque règne que l'injure du temps a épargnées, par De Montfaucon (en français & en latin).

Paris, Goudouin, 1729-1733. — 5 vol. in-fol. fig.

LEBOEUF (JEAN). — Histoire de la ville & de tout le diocèse de Paris.

Paris, Prault père, 1754-1758. — 15 vol. in-12.

PONCET DE LA GRAVE (GUILL.). — Mémoires intéressants pour servir à l'histoire de France, ou tableau historique, chronologique, pittoresque, ecclésiastique, civil & militaire, des maisons royales, chasteaux & parcs des rois de France ; première partie intéressant l'histoire de Vincennes.

2 vol. in-4°, 1788 ; ou 4 vol. in-12, 1788-1789.

ANTIQUITÉS NATIONALES. — Ou recueil de monuments pour servir à l'histoire générale & particulière de l'empire français, tels que tombeaux, inscriptions, statues, vitraux, fresques, &c. ; tirés des abbayes, monastères, châteaux & autres lieux devenus domaines nationaux, par Aubin-Louis Millin. A Paris, chez Marie-François Drouhin, éditeur & propriétaire dudit ouvrage, rue Christine, n° 2. — L'an troisième de la liberté, — 1791. — 5 vol. in-8°.

Il y a une édition de format in-fol.

Histoire du donjon et du château de Vincennes, par M. Nougaret, revue par M. Alphonse de Beauchamps. Paris, Brunot-Labbe, 1807. 3 vol. in-8°.

Versailles, Paris and Saint-Denis or a series of views from drawings made on the spot, by J.-L. Nattes. — Illustrative of the capitals of France and the surroundings places. With an historical and descriptive account. — London, published by W. Miller, Albermale street.

Les planches sont en couleurs & portent des dates. Vincennes est daté de 1810. — Gr. in-fol.

Histoire du donjon & château de Vincennes, par A. D. B. 3 vol. in-12, 1815.

Comme toutes les descriptions de Paris s'occupent de Vincennes, afin de ne pas faire de répétition, je renvoie à la bibliographie du Louvre.

PARIS. — J. CLAYE, IMPRIMEUR, 7, RUE SAINT-BENOIT.

# LE CHASTEAV DE VINCENNES.

'EST le plan & eleuation de la maifon Royale du Bois de Vincennes, fituee à vne lieuë de Paris, & à deux de S. Denys, lieu de la fepulture des Roys : de forte que la diftance de leur affiette fait quafi vne forme triangulaire, eftant Paris du cofté de l'Occident, S. Denys au Septentrion, & ce chafteau à l'Orient : œuure autant fomptueux, fuperbe & admirable, qu'autre que l'on puiffe veoir. Il fut commencé par Charles, Comte de Valois, frère de Philippes le Bel, Roy de France : pourfuiui par Philippes, fils dudit Comte, qui paruint à la Couronne, à caufe que trois Roys fes coufins, enfans du fufdit Philippes le Bel, fucceffiuement Roys, decederent fans hoirs mafles : & depuis continué par le Roy Iehan, fils de Philippe de Valois, & finalement paracheué par Charles, cinquiefme du nom, fon fils. Ce baftiment, oultre la groffe tour du Dongeon, eft conftruit de plufieurs pauillons quarrez, accompaigné d'vn Parc tref-ample, fermé de haultes murailles, contenant en fon circuit de feize à dixfept mille pas, qui font enuiron deux lieuës & demie, auoifiné du cofté de Midy de la riuiere de Seine, & du Septentrion de celle de Marne. Lefquelles fe ioignans & affemblans au bourg & village de Conflans pres Charenton ( ainfi nommé, à caufe de l'vnion d'icelles, & où mefme celle de Marne perd fon nom) defcendent à Paris. Or eftoit celle maifon, iadis l'vne des demeures frequentees de nos Roys, à l'occafion de la proximité de la ville, & plus ordinaire que de ceux de noftre temps : attendu que depuis foixante ou quatre vingts ans ont efté baftis plufieurs autres beaux & riches edifices, où ils fe font mieulx aimez : occafion que ce Chafteau peu hanté, & quafi du tout delaiffé, f'en va fort ruinant. Vray eft qu'oultre les pauillons y a fait dreffer certains baftimens, mefmes vne Chapelle, à la femblance de celle qui eft au Palais à Paris. Mais d'autant que ces modernes edifices faicts dedans l'enclos, & oultre le larbe & maffe du Chafteau, ne refpondent en qualité d'eftoffe & ftructure audit larbe, ains font de matiere commune, fans ordre, & feulement pour la commodité de logis, & qu'il deffigure beaucoup la beauté d'iceluy, ie ne les ay comprins en ce deffein, m'eftant contenté du plan & eleuation fimplement.

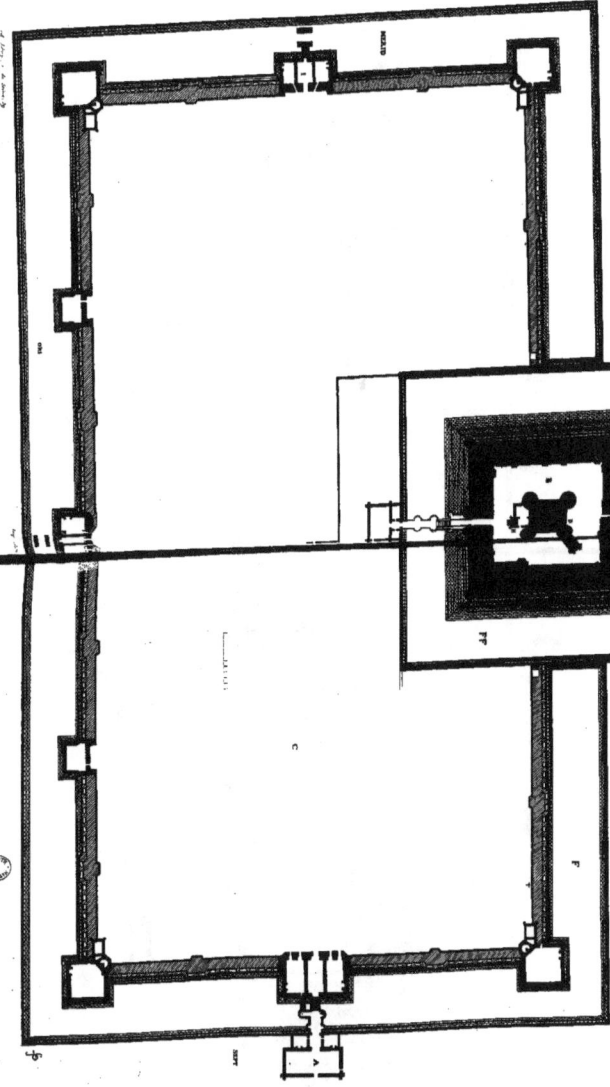

VINCENNES

PLANVM ANTIQVM CASTELLI

Le plan du chasteau

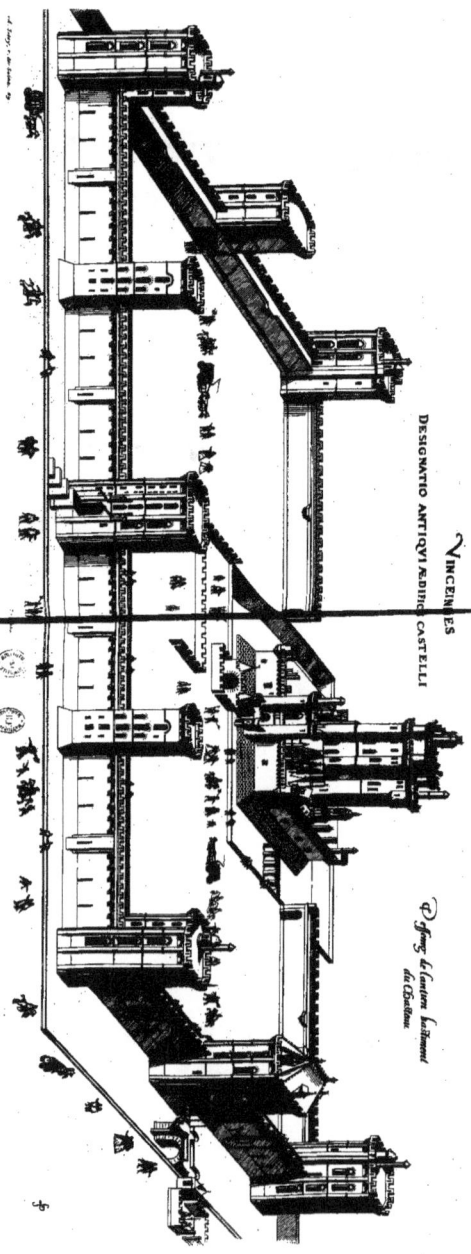

VINCENNES

DESIGNATIO ANTIQVI ÆDIFIC CASTELLI

# LE CHASTEAV DE CHAMBOVRG

E baſtiment eſt ſitué en vne plaine, à quatre lieuës de la ville de Blois, du coſté d'Orient, prochain d'vne lieuë de la riuiere de Loire. Le logis eſt accompagné d'vn bois aſſez grand. Au pied d'iceluy logis du coſté de la riuiere, ſe preſente vn mareſt auec vn canal, par le moyen duquel lon pourroit pratiquer de grandes beautez, & qui donneroient beaucoup de contentement. La commodité du dedans a eſté ordonnee auec raiſon & ſçauoir. Car au milieu & centre eſt vn eſcallier à deux montees, percé à iour, & entour iceluy quatre ſalles, deſquelles lon va de l'vne à l'autre, en le circuiſſant. Aux quatre encoigneures d'entre chaque ſalle y a vn pauillon, garny de chambre, garderobbe, cabinet & montee. Plus és quatre coings de la maſſe de tout le baſtiment ſe voyent quatre groſſes tours, garnies à chaſcun eſtage de toutes commoditez, comme chambre, garderobbe, priuez, cabinets, & montee. Ceſt edifice a trois eſtages, ſans le galletas eſtant aux quatre pauillons, et és quatre tours. Les quatre ſalles du troiſieme eſtage ſont voutees, ſur leſquelles y a quatre terraces regnantes à l'entour l'eſcallier, ainſi que les ſalles. Quant à l'eſcallier, il regne en haulteur au deſſus d'icelles, ſelon l'ordonnance que ie vous en ay figuré par les deſſeins des eleuations. Oultreplus, autour de ce corps de logis, que i'appelle dongeon, eſt la court regnante en trois coſtez, qui ſont fermez de baſtimens, dont les bas eſtages ſeruent d'offices : & le deſſus, ce ſont terraces, qui ont eſté ainſi ordonnees pour garder les veuës dudit dongeon. Es encoigneures de ces derniers edifices vous voyez par dehors quatre groſſes tours, pareilles à celles du dongeon, dont les deux les plus lointaines ne ſont auancees que iuſques au premier eſtage, encores qu'au deſſein de l'eleuation ie les aye faites : Et aux deux coſtés plus prochains du meſme dongeon, ſont eſleuez les eſtages au deſſus des terraces, d'vne certaine longueur : à l'vne deſquelles eſt comprinſe vne ſalle, garderobbe & montee, & à l'autre, chambres & garderobbes, & ce à chaſque eſtage : ſi que à chaque angle d'iceux par dedans y a vne montee en la court, de fort bonne ordonnance, qui ſert pour la commodité des membres prochains. Ce Chaſteau fut edifié par le Roy François premier : lequel faiſoit ſeruir pour ſa demeure l'vn des deux baſtimens eſleué ſur la terrace. Tout l'edifice eſt admirable, à cauſe de ceſte groſſe maſſe, et rend vn regard merueilleuſement ſuperbe, à l'occaſion de la multitude de la beſongne qui y eſt. Quant au iardin, ce n'eſt rien, & ne reſpond en façon quelconque à la magnificence du baſtiment : iaçoit que qui vouldroit l'augmenter, il y a aſſez pour l'amplifier.

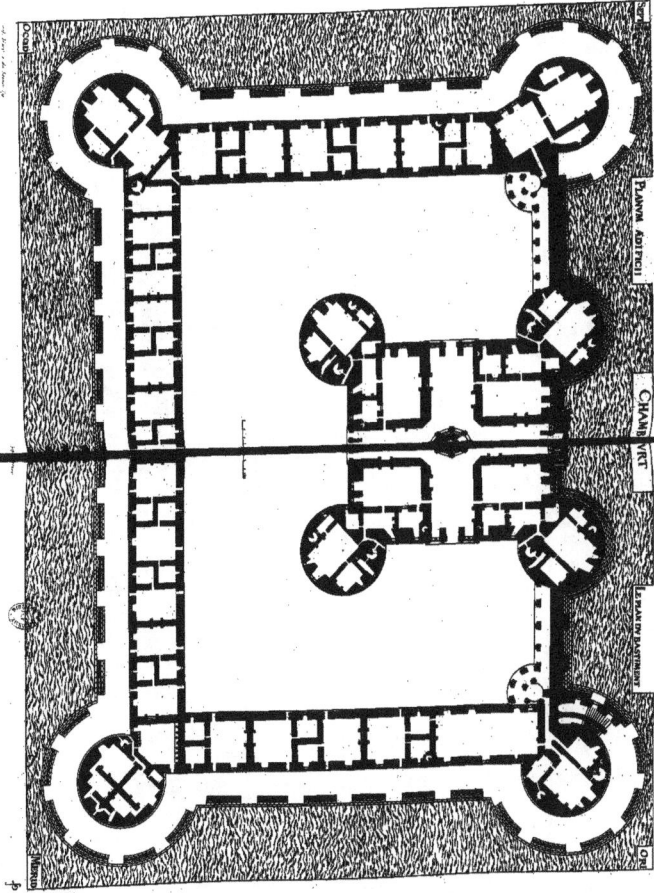

ANTERIOR AD ORIENTEM FACIES ÆDIFICII

CHANBOVRG

LA FACE DV DEVANT DV BASTIMENT DV COSTE DE L'ORIENT

SCENOGRAPHVM

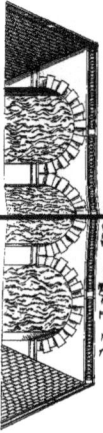

ELEVATION OV PORTRAICT EN PERSPECTIVE

SCENOGRAPHIA

F. IVSDEM FACIES POSTERIOR PRECEDENTI OPPOSITA AD OCCIDENTEM

CHANBORG

LA FACE DV DERRIERE DV MESME BASTIMENT OPPOSITE A LA PRECEDENTE DV COSTE DE L'OCCIDENT

ELEVATION OV PORTRAICT EN PERSPECTIVE

# LE CHASTEAV DE BOVLOGNE

## DIT MADRIT

E baſtiment eſt aſſis en vne plaine, à deux lieuës de Paris, du coſté de l'Occident, prochain de la riuiere de Seine. Tout l'edifice n'eſt qu'vne maſſe, & conſiſte en ce qui ſ'enſuit. Premierement, à chaſque eſtage eſt vne ſalle, garnie d'vne petite ſallette, en laquelle eſt vne cheminee royale. Derriere icelle cheminee y a vn petit eſcallier, par où lon monte d'eſtage à autre, ſans eſtre veu. Le plancher de la ſalette eſt eſleué ſeulement de la moiⁿtié de la haulteur de la grand' ſalle, y ayant au deſſus comme vne chapelle. Ceſte ſalette ſert de retraite pour le Prince : & ont leur regard tant l'vn que l'aultre ſur ladite grand' ſalle. Aux deux coſtez y a huiⁿt chambres & quatre garderobbes, quatre auec deux garderobes de chaque part, ſeruantes de commodité. Par le dehors regnent entour, tant au premier que ſecond eſtage, allees en galleries ouuertes, à arcs voutez à plat : & au deſſus d'icelles, qui eſt le troiſieme eſtage, terraces regnantes pareillement. Es coings des ſuſdites quatre chambres & garderobbes, qui font de chaſcun ſon coſté vn corps de baſtiment, y a vn petit pauillon quarré en ſaillie, oultre les galleries : dans chaſcun deſquels, aſſauoir aux quatre prochains de la ſalle, eſt vne montee, & aux quatre autres, des garderobbes. Entre les deux qui font aux bouts, y a encores vne tour de chaſque coſté, eſquelles eſt une viz fort bien & induſtrieuſement faiⁿte principalement l'vne d'icelles, qui doit eſtre ſoigneuſement remarquee entre artiſans, & miſe en leurs tablettes. Au deſſus des terraces font auſſi deux eſtages auec les galletas. Et eſt ce baſtiment couuert de pluſieurs pauillons, entrelacez les vns aux autres, & le tout ſi bien ſymmetrié, tant en ſon plan, que enrichiſſemens, que rien plus : fait au reſte la plus grande partie des enrichiſſemens du premier & deuxieſme eſtage par le dehors de terre eſmaillee. La maſſe eſt fort eſclattante à la veuë, comme vous pouuez veoir par les deſſeins & eleuations que ie vous en ay deſſeignez : d'autant qu'il n'eſt pas iuſques aux cheminees & lucarnes, qui ne ſoient toutes remplies d'œuure. Mais oultre ce que deſſus vne choſe me ſemble digne d'admiration, de voir les offices pratiquees deſſoubs en meſme ſorte & maniere de commoditez que le deſſus : & icelles toutes voutees, ayans leur iour deſcendant du hault par quelques quadres, auſſi pratiquez au rez de terre, reſpondans iceux iours chaſcun en ſon endroit de l'office : m'eſtant aduis, qu'entre les ſingularitez remarquables des baſtimens exquis de la France, les Offices de ce lieu doiuent eſtre tenus comme pour les principales·de toutes. Le Roy François premier du nom, feit faire ceſte maiſon : laquelle eſt accompagnee d'vn Parc, contenant deux lieuës de tour, ou enuiron. Et pour vous faire entendre, que le lieu eſt digne d'eſtre veu & conſideré, ie vous en ay deſſeigné particulierement quelques enrichiſſemens des choſes plus ſingulieres du dedans.

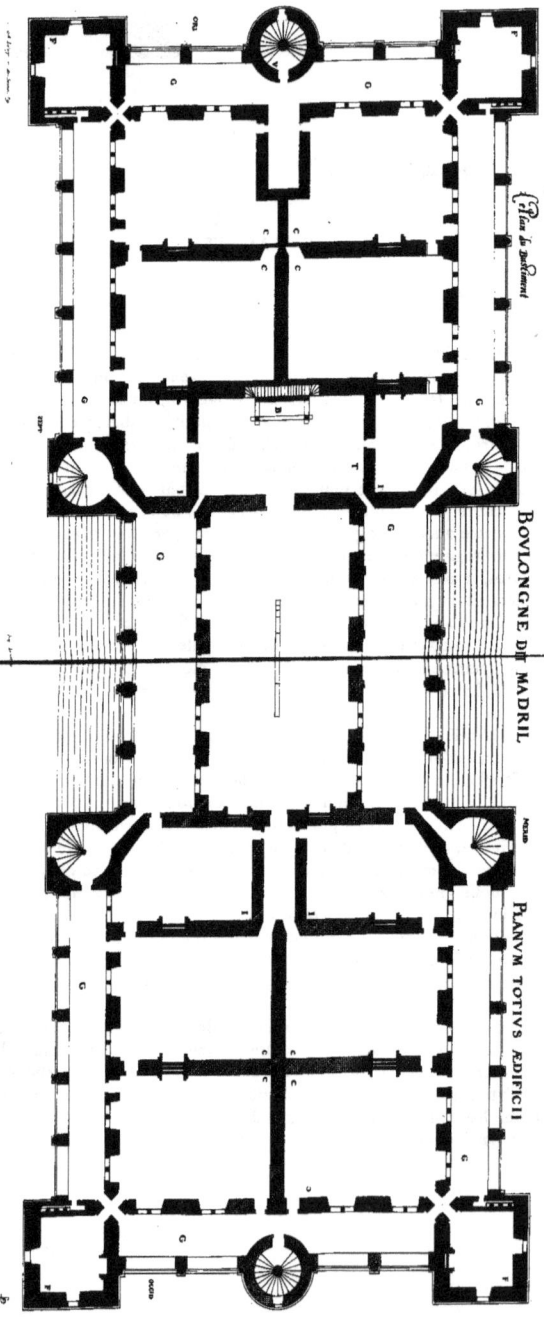

BOVLONGNE DV MADRIL

PLANVM TOTIVS ÆDIFICII

FACIES ANTERIOR.

BOVLONGNE DIT MADRIL

La foir du quant

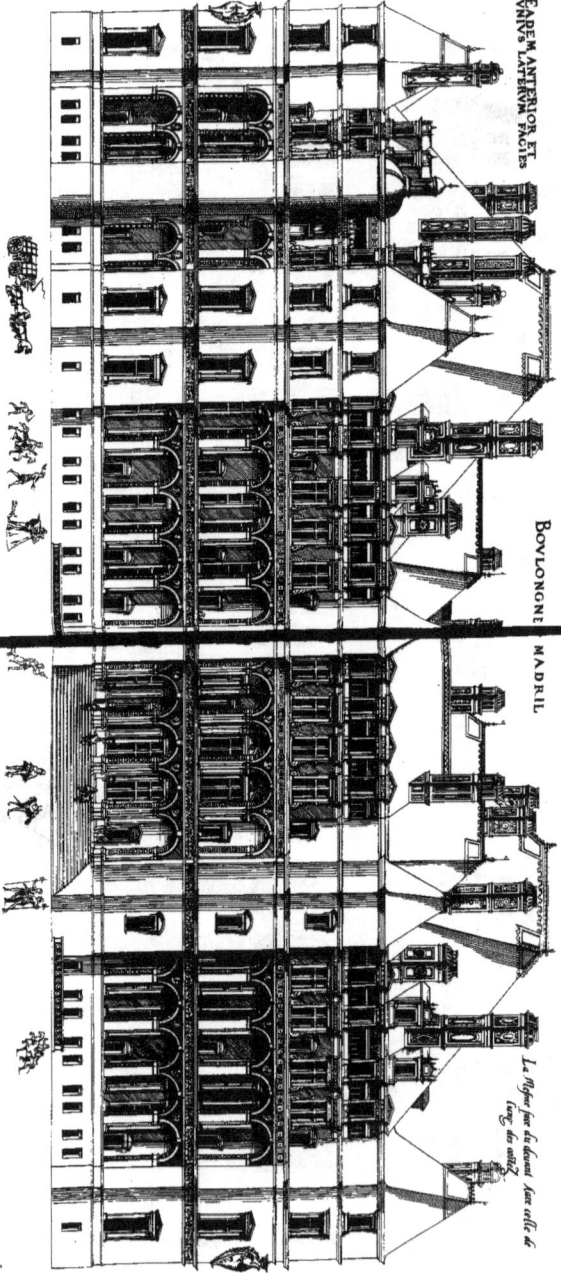

EADEM ANTERIOR ET VNIVS LATERVM FACIES

BOVLONGNE

MADRIL

La Megliore par la dedans sur celle de l'œil des villes

ad Lõg : A deũm ẽ

QVELQVES ENRICHISSEMENS DES SALLES

BOVLONGNE

MADRIL

QVELQVES ENRICHISSEMENS DES SALLES

CANTAVX PARTES

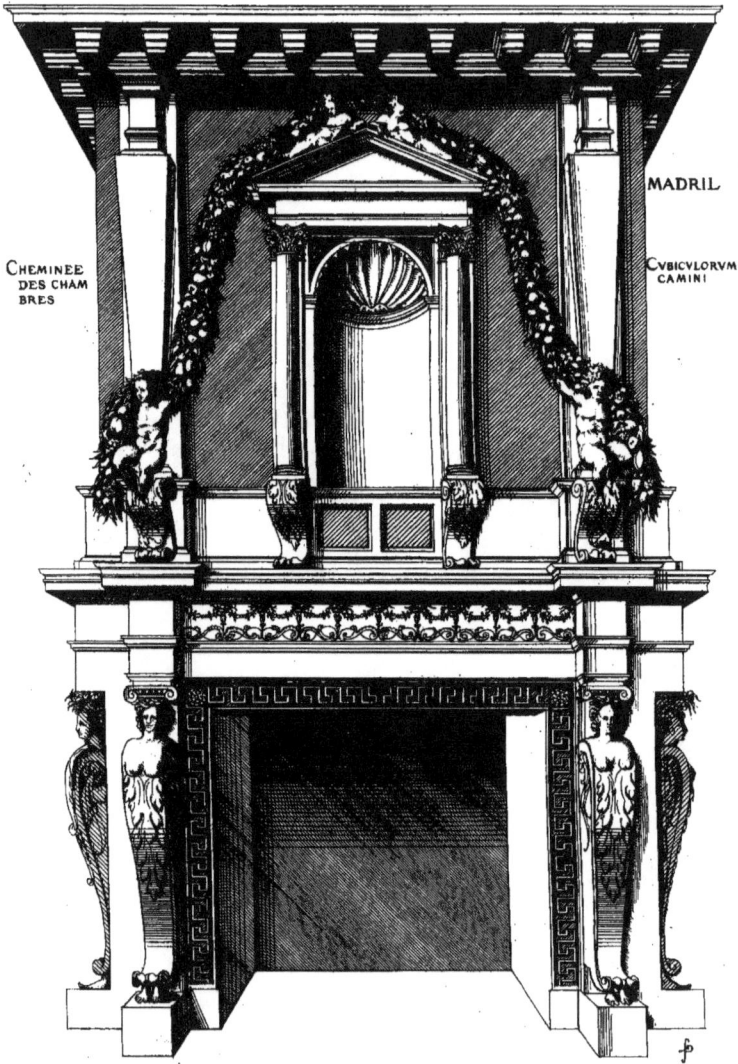

CHEMINEE
DES CHAM
BRES

MADRIL

CVBICVLORVM
CAMINI

A. Lévy, r. du Seine 29                    Imp Lemercier

MADRIL

CHEMINEE DES CHABRES
CVBICVLORVM CAMINI

MADRID

TAVLATA TRIONE

DESSEINGS DES PLANCHERS DES SALLES

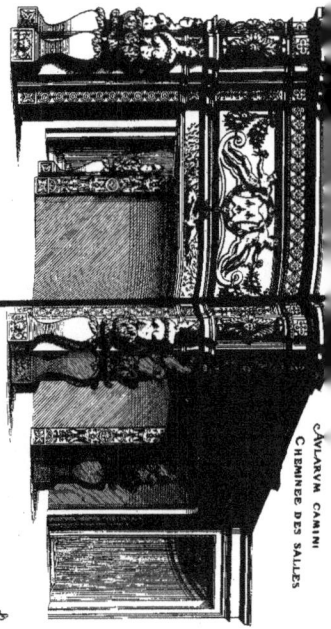

AVLARVM CAMINI
CHEMINÉE DES SALLES

# CHASTEAV DE CREIL

E baſtiment eſt aſſis comme en vne petite Iſle dans la riuiere d'Oiſe en Picardie, à deux lieuës de Senlis, & douze de Paris. Ioignant iceluy eſt la ville, fort petite, de meſme nom. Le lieu eſt treſbien baſty, mais modernement. L'on tient que le Roy Charles quint le commença, & qu'il fut paracheué par les predeceſſeurs de la maiſon de Bourbon. Depuis feu Madame la Regente ſy tenoit de fois à autre. Il y a auſſi des iardinages, neantmoins de peu d'eſtendue. Quant audit baſtiment, il eſt d'aſſez grand monſtre, mais vn peu obſcur par dedans : la court d'iceluy eſtant bien petite, comme vous voyez par le plan que ie vous en ay icy deſigné. Dans ceſte court y a certaines figures, entre leſquelles eſt vn Cerf vollant, ayant vne ceinĉture en ſon col, où eſt eſcrit ce mot, ESPERANCE. En la meſme court, és frizes ſont les armes de France & de Bourbon. Pour le regard du contenu de tout le lieu, vous en aurez la cognoiſſance, tant par le plan, que l'eleuation.

DESSEING DV CHASTEAV

LE PLAN DV BASTIMENT AVEC SON COCEINV

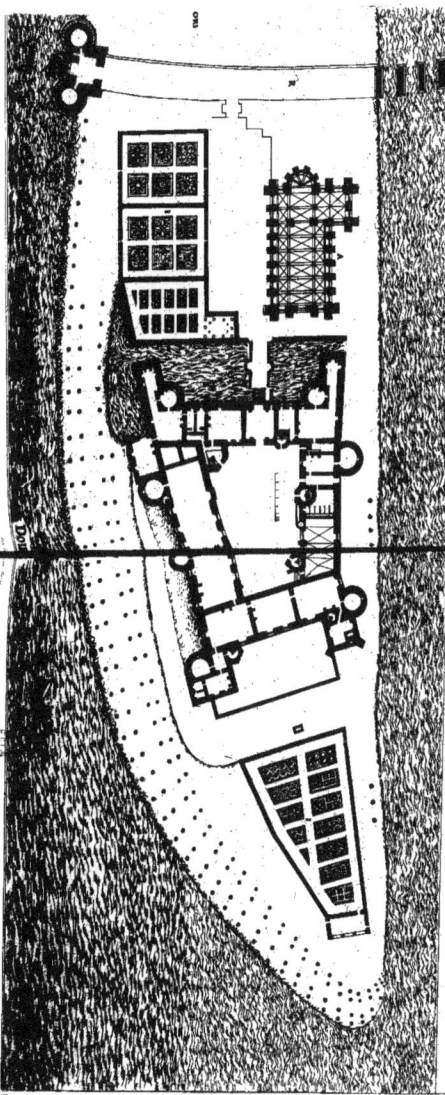

PLAN VM TOTIVS ADITVCII

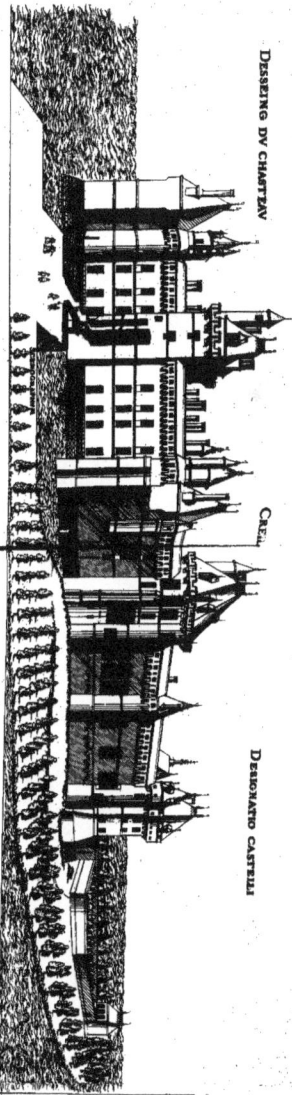

DESIGNATIO CASTELLI

CREIL

# LE CHASTEAV DE COUSSY

ovssy eſt vn Chaſteau en Picardie, aſſis ſur vn lieu hault eſleué. Ioignant iceluy eſt la ville. Ce lieu fut baſty par vn Seigneur du lieu, nommé Enguerrant de Couſſy. Depuis il eſt aduenu aux Roys de France, qui le tiennent encores pour le iourd'huy. Il eſt tout de pierre de quartier : toutefois ſauuagement dreſſé, pour le regard de la court, comme apparoiſt par le plan. Quant aux choſes remarquables & dignes d'eſtre veuës, il y a premierement la grand ſalle, longue de trente toiſes, & ſept & demie de large, comprins le Tribunal, auquel ſont les figures des neuf Preuds. Ioignant icelle s'en trouue vn autre, de dix toiſes & demie ſur cinq & demie de large : à la cheminee de laquelle ſont les neuf Preuſes : & toutes les ſuſdites figures, tant de l'vne que l'autre ſalle, rondes, faites ſelon le temps modernement. En la grand' ſalle lon voit encore vne Chapelle d'aſſez belle ordonnance. Aux quatre coings du Chaſteau y a quatre tours, chacune deſquelles a dix toiſes de diamettre, comprins la muraille. Dans la court ſe voit vne autre tour, mais beaucoup plus groſſe, ayant quinze toiſes de diamettre, qui font quarante cinq de circuit, ſur la haulteur de vingt, ſans l'exaucement des arcs : & eſt tellement admirable au regard des autres, que combien qu'elles ſoyent de bonne groſſeur, ſi vous les contemplez contre celle cy, elles ne ſemblent que fuſeaux. La place de dedans icelle a huiȼt toiſes de diamettre vuide : & les ſept toiſes de reſte ſont les murailles, qui ont trois toiſes & demie d'eſpeſſeur. En ceſte tour y a trois eſtages voultez, & au deſſus eſt la terrace couuerte de plomb. Le premier eſt garni de puits, moulin, cheminee, four, & de tout ce qui eſt neceſſaire pour vn fort. Les eleuations deſdits trois eſtages ſont beaux, comme pouuez penſer par la meſure. Pres de l'entree eſt vne pierre ſouſtenue de trois figures de Lyons, & ſur icelle vne autre figure de Lyon. En la place, & deuant ladite figure, ſe paye certain tribut par les voiſins du lieu, ſçauoir eſt, qu'ils ſont tenus enuoyer tous les ans vn Ruſtique, ayant en ſa main vn fouët, pour ſonner d'iceluy trois coups : auec ce vne hotte pleine de tartres & gaſteaux, qu'il fault qu'il diſtribue aux Seigneurs de là. Touchant la raiſon de telles ceremonies, on ne la rend autre, à ce que i'en ay peu entendre, ſinon que ledit Seigneur Enguerrant vn iour aduerti d'aller veoir vn Lyon, qui moleſtoit quelques ſiens voiſins, pour y mettre ordre, il ne fut pas pluſtoſt arriué ſur le lieu, que les ruſtiques & villageois le luy monſtrerent. Et ainſi le voyant de ſi pres, Vous me l'auez (diſt–il) de pres monſtré : & le deffeit auſſi toſt. A ceſte occaſion il ordonna vne Abbaye en ce lieu, que pour le iourd'huy on appelle encores Premonſtré. En teſmoignage de ce que dit eſt, à l'entree de la ſuſdite groſſe tour au deſſus de l'huis, eſt vne figure armee tenant l'eſpee auec le Lyon, comme meſmes ie le vous ay depeint. Quant aux commoditez du baſtiment, il n'y en a pas beaucoup, excepté vn corps de logis pres l'entree, que le Roy François premier feit faire. Ce que tout ſe peult veoir par le plan icy deſigné. A l'entour de la montaigne (ſur laquelle le Chaſteau eſt aſſis ) ſont plantees vignes, d'où procedent les bons vins, qu'on appelle de Couſſy. Le lieu, à cauſe de ſon eleuation, a vn beau regard. Deuant qu'entrer au logis, il fault paſſer par la baſſecourt, qui eſt fermee, tant de murailles que de tours : à l'entree de laquelle ſe voyent auſſi quelques ruines. La ville eſt petite, toutefois nette. Aux enuirons en certains endroits ſe trouuent des bois.

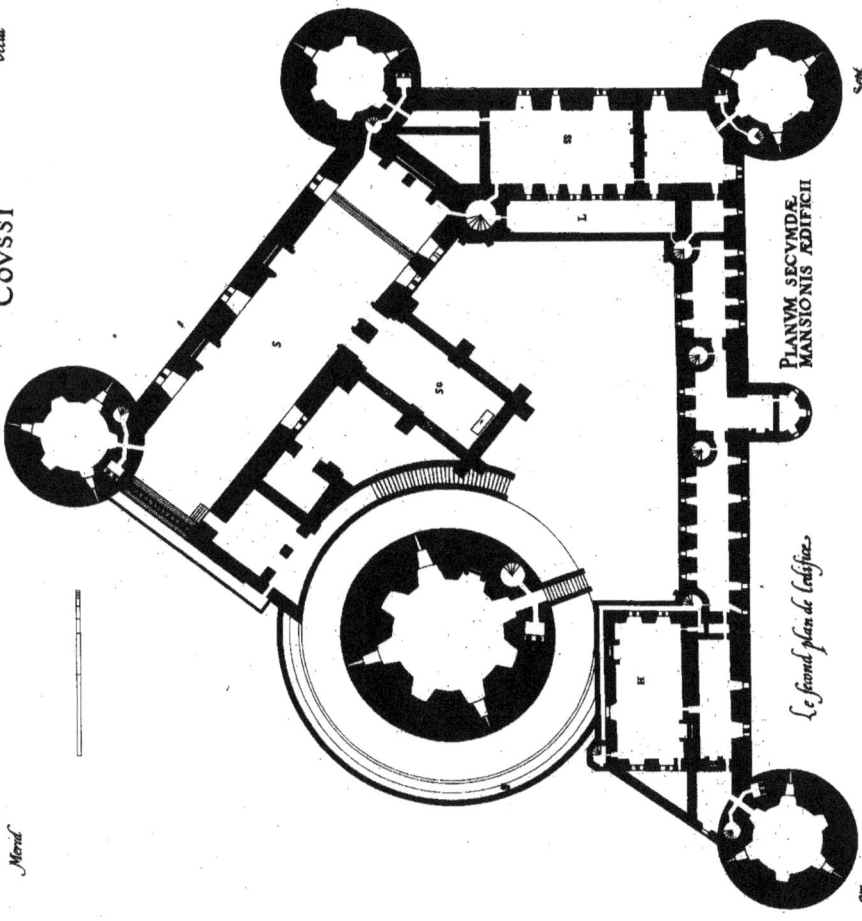

COVSSI

Occid

Sept

Merid

Ori

PLANVM SECVNDÆ
MANSIONIS ÆDIFICII

Le Second plan de l'edifice

A. Luigi r. de Soissons 59

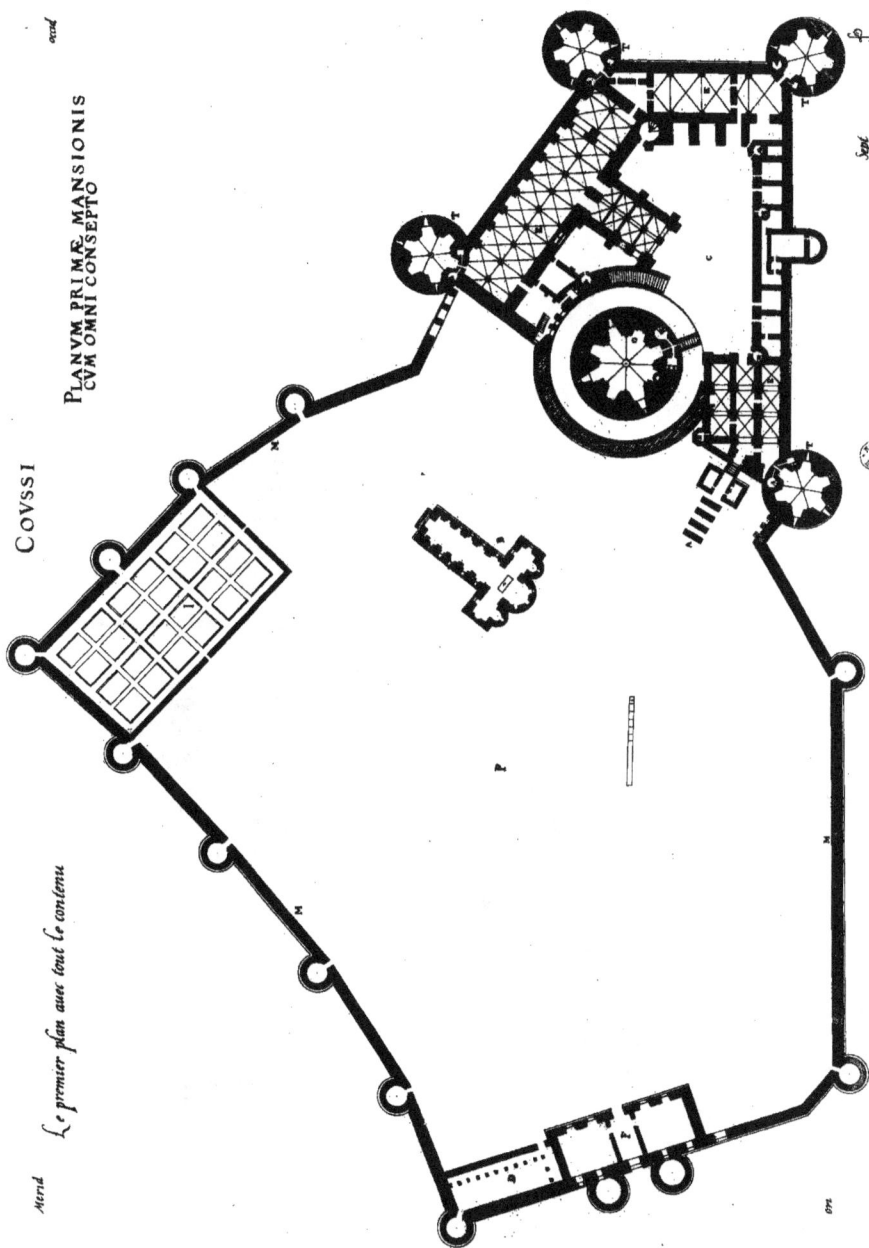

COVSS 1

PLANVM PRIMÆ MANSIONIS
CVM OMNI CONSEPTO

Merid

Le premier plan auec tout le contenu

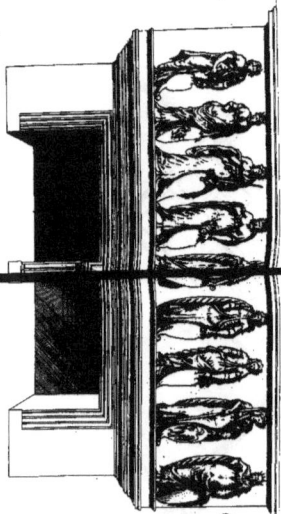

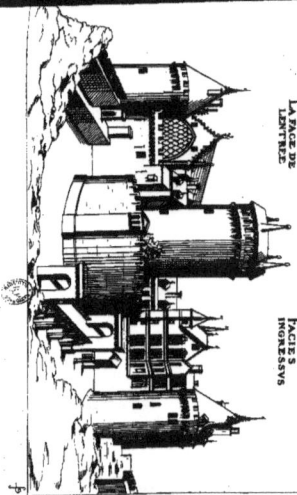

HÆC DESCRIPTIO IN INGRESSV
PRÆCIPVÆ TVRRIS CÆLATA
EST AD PERPETVAM ME
MORIAM

COVSSI

CE DESSEING EST
TAILLE A LENTREE DE
LA GROSSE TOVR

ANTE LEONIS HVIVS
STATVAM FIDELITATIS
IVRA PRÆSTANTVR

COVVSSI
DEVANT LA FIGVRE DE CE
LION SE PAIE LHOMMAGE

# FOLEMBRAY, dit LE PAUILLON

OLEMBRAY, autrement dit le Pauillon, eſt aſſis à demie lieuë pres de Couſſy, deuers Septentrion. Ce lieu eſt comme en vne plaine, edifié par le feu Roy François premier du nom. Du depuis il a eſté bruſlé en partie par les Hannuyers, comme verrez par le deſſein d'eleuation que ie vous en ay figuré. Quant eſt du logis, il n'eſt mal baſty, ains, qui plus eſt, garny de beaucoup de commoditez. Il y a entre les autres vn beau iardin auec le parc, qui contient plus d'vne grande lieuë de tour : & ce ſont à la verité les deux choſes plus remarquables de ceſte maiſon. Touchant l'occaſion de ce baſtiment, ie croy qu'elle n'a eſté autre, que le Roy François ſe trouuant quelquefois à Couſſy, commanda de le faire, comme pour luy ſeruir de retraite & changement : ioinct que la ſituation en eſt fort belle. La court ſe monſtre de belle grandeur, contenant quarante toiſes de long : en laquelle longueur y a pluſieurs aiſances. Outreplus, vous y auez vne auantcourt fermee, d'où l'on va au parc : & vne terrace du coſté du iardin, ioignant le logis, qui eſt d'aſſez bonne grace : d'autant que premier qu'entrer audit iardin, en ſortant du Chaſteau lon trouue la terrace, & d'icelle on deſcend au iardin. Il eſt bien vray, que le bruſlement a grandement cauſé le degaſt de ce lieu, auquel meſme on n'a point depuis touché : comme ainſi ſoit que la terrace ſemble auiourd'huy pluſtoſt vne allee de pré qu'autrement, par faulte d'entretien, encores que l'ordre & façon d'icelle ne laiſſe de decorer le logis. A l'entree du Chaſteau eſt vn ieu de Paulme, de bonne grandeur. De toutes leſquelles particularitez pourrez eſtre ſatisfait par le plan icy repreſenté.

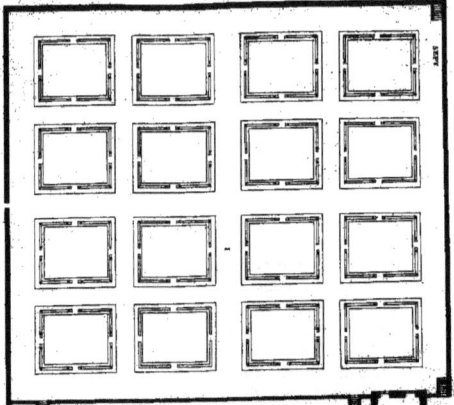

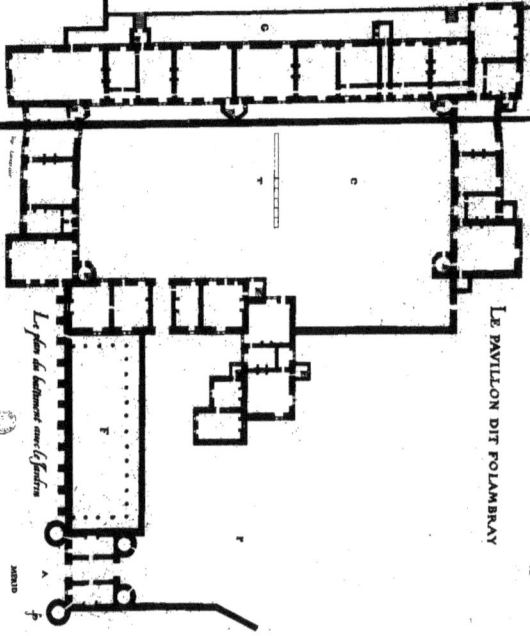

PLANVM ÆDIFICII ET HORTORVM EIVSDEM

LE PAVILLON DIT FOLAMBRAY

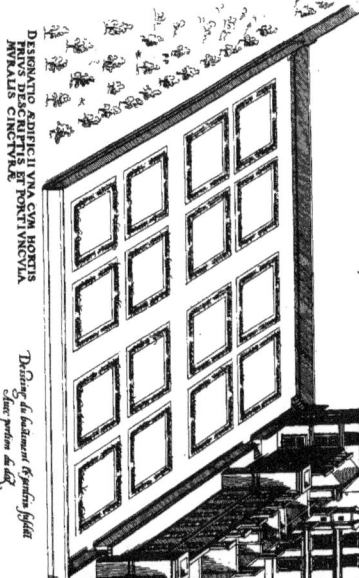

DESIGNATIO ÆDIFICII VNA CVM HORTIS
PRIVS DESCRIPTIS ET PORTIVNCVLA
MVRALIS CINCTVRÆ

Dessaing du bastiment & jardin susditz
Auec portion de la [...]

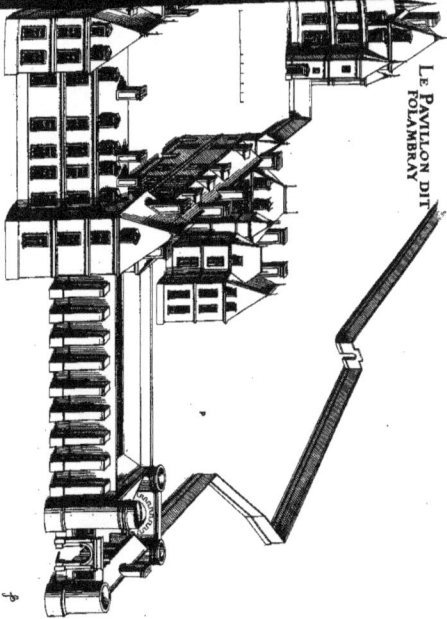

LE PAVILLON DIT
POLAMBRAY

# LE CHASTEAV DE MONTARGIS

**M**ONTARGIS eſt ſitué au pays de Gaſtinois, en lieu moyennement eſleué, & autant bien aſſis, qu'autre que lon puiſſe veoir. Quant à l'origine & deriuation de ſon nom, elle eſt incertaine : iaçoit que ſi lon veult adiouſter foy au commun bruit du pays, il eſt prins de ces deux mots Latins, *Mons Regis*, qui eſt à dire, Mont du Roy, & par corruption de langage, Montargis. Autres diſent, qu'il ſ'appelloit anciennement *Montargus*, par ſimilitude & conuenance au nom & fable d'Argus, qui de toutes les parties de ſon corps eſtoit garni d'yeux. Et ne ſont ces deux opinions beaucoup eſloignees de raiſon & veriſimilitude : tant parce que ceſte place eſt vne demeure vrayement Royale, que ſa ſituation & conſtruction eſt telle, que d'icelle on peult veoir tout autour de ſoy, & eſt vne des plus belles & riches veües, que lon ſçauroit ſouhaiter ne trouuer autre part. Ce Chaſteau eſt d'aſſez grand circuit, compoſé de pluſieurs baſtimens diuers, & (comme lon peult veoir à l'œil) faits en diuers temps : dont le plus antique en apparence eſt le Dongeon, de forme ronde : auquel depuis ont eſté adioincts autres corps de logis, qui luy ſeruent plus de commodité, que de decoration. De ce Dongeon on ſe va rendre par vne longue gallerie à vn grand corps d'hoſtel, contenant deux ſalles, l'vne baſſe, & l'autre haulte, de xxviii. toiſes i. pied de longueur, & viii. toiſes quatre pieds de large. Ioignant ces ſalles ſont autres baſtimens plus modernes, propres pour loger : & pluſieurs tours au circuit, qui ſeruent tant pour ornement, que de commodité, ainſi que lon peult cognoiſtre par le pourtraict & deſſein que ie vous en ay icy repreſenté. En ce lieu les Roys ont ſouuentefois fait leur reſidence : & neantmoins n'eſt lon certain, qui ont eſté ceux qui ont faict baſtir ces edifices : ſinon qu'il ſe trouue au bas de la couuerture de l'eſcallier de la grand'ſalle, où ſont les armes de France, ces mots, CHARLES HVICTIESME. combien que par là on ne puiſſe inferer, que ce ſoit luy, qui ſeul ait fait faire les autres baſtiments, comme eſtans beaucoup plus anciens, & de diuers temps, que de ſon regne. Au pied du Chaſteau eſt la ville, aſſez belle par dedans, autour de laquelle paſſe la Riuiere de Loin, qui luy eſt de grande decoration, vtilité & commodité. Et de faict, c'eſt comme vn paſſage ordinaire & frequenté de Lyon à Paris : en ſorte que toutes les marchandiſes allans de l'vn à l'autre, ſoit par cheuaux et charroy, ou ſur la riuiere de Loire, ſe viennent là rendre, & ſont tranſportez par batteaux de bonne charge ſur ladite riuiere de Loin iuſques en Seine : ce qui la rend mediocrement bonne & marchande. A vn quart de lieuë vous auez vne belle Foreſt, contenant deux lieues de diametre, & ſix à ſept lieux de tour : dont les arbres ſont quaſi tous Cheſnes, fort beaux & propres à l'ouurage de menuiſerie, à cauſe de la iaſprure. Touchant la fertilité du pais, il n'eſt pas ſeulement bon en abondance de grains de toutes ſortes, & fourny de terres labourables, mais auſſi de grands vignobles, & riches prairies. La ville de Nemours luy eſt au Septentrion, proche de ſept lieues, ſur le chemin de Paris, et Gyan du coſté de Midi, à neuf lieues. Ceſte maiſon fut baillee à Madame Renee de France, fille du Roy Loys douzieſme, mariee au Duc Hercules de Ferrare, pour partie de ſon appanage. Laquelle eſtant vefue, & retiree en France l'an 1560. trouuant ce lieu ainſi beau, & tel que deſſus, toutefois fort deſcheu & demoly, & par ce moyen rendu quaſi inhabitable, l'a amplement reparé, embelly & enrichy d'aucuns nouueaux baſtimens, iardins, & autres commoditez, tel qu'on le voit à preſent, & y a fait ſa demeure ordinaire iuſques à ſon trefpas.

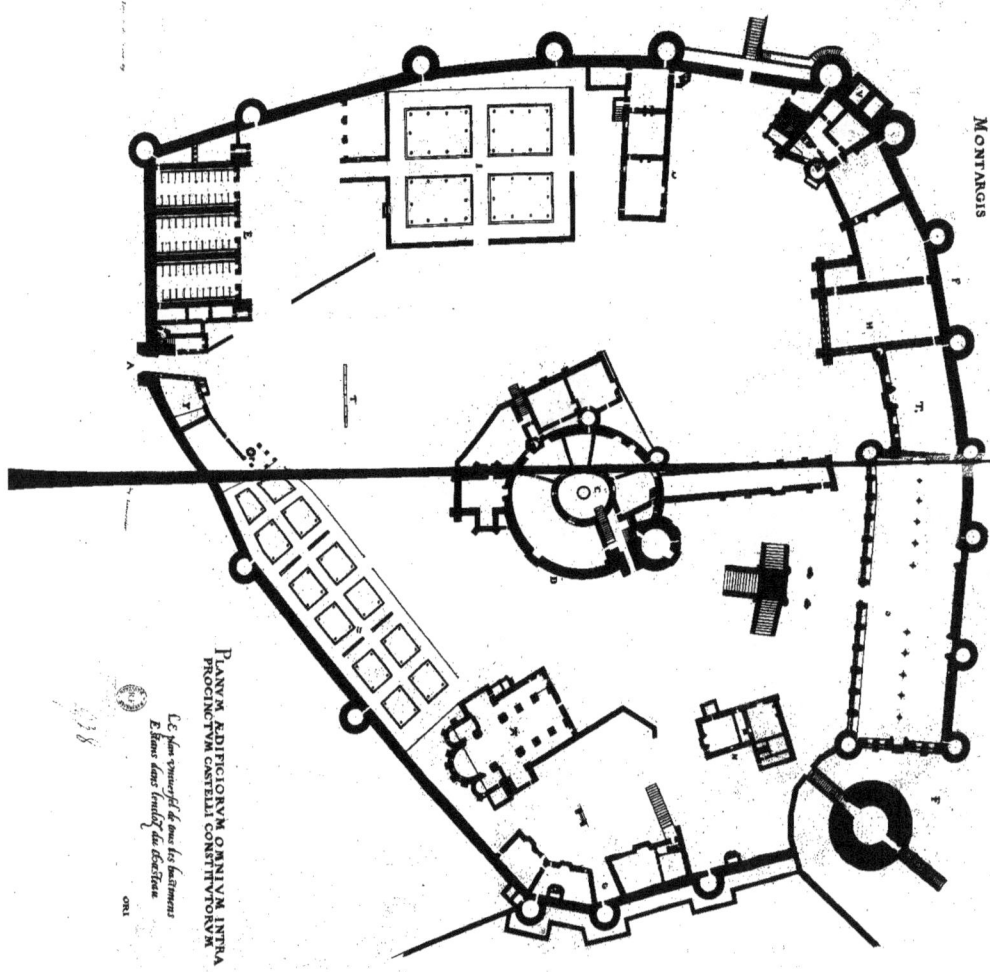

MONTARGIS

PLANVM ÆDIFICIORVM OMNIVM INTRA
PROCINCTVM CASTELLI CONSTITVTORVM

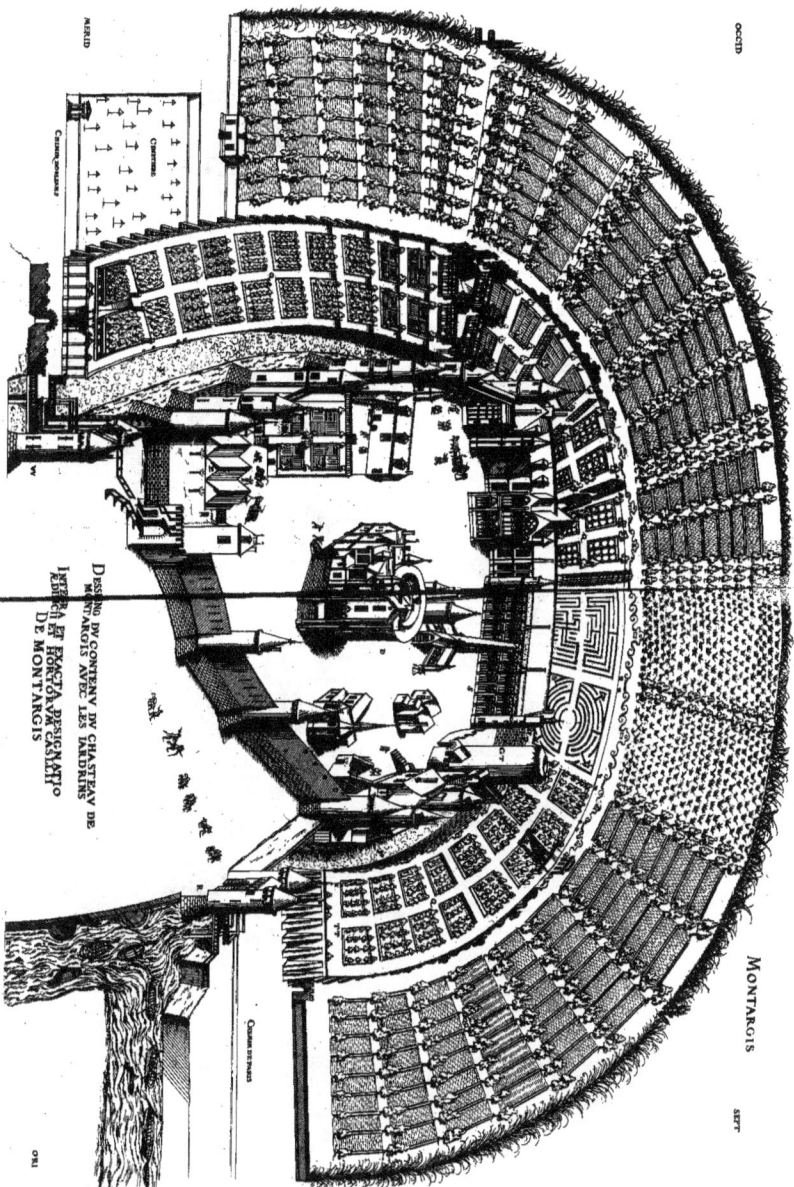

DESSING DV CONTENV DV CHASTEAV DE
MONTARGIS AVEC LES IARDINS

IMPERCA ET FORGA DESCRIPTIO
 PVBLICA DE MONTARGIS

OCCID

MONTARGIS

SEPT

MERID

ORI

CHASTEAV

CIMETIERE

CHEMIN DE PARIS

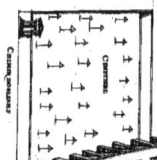

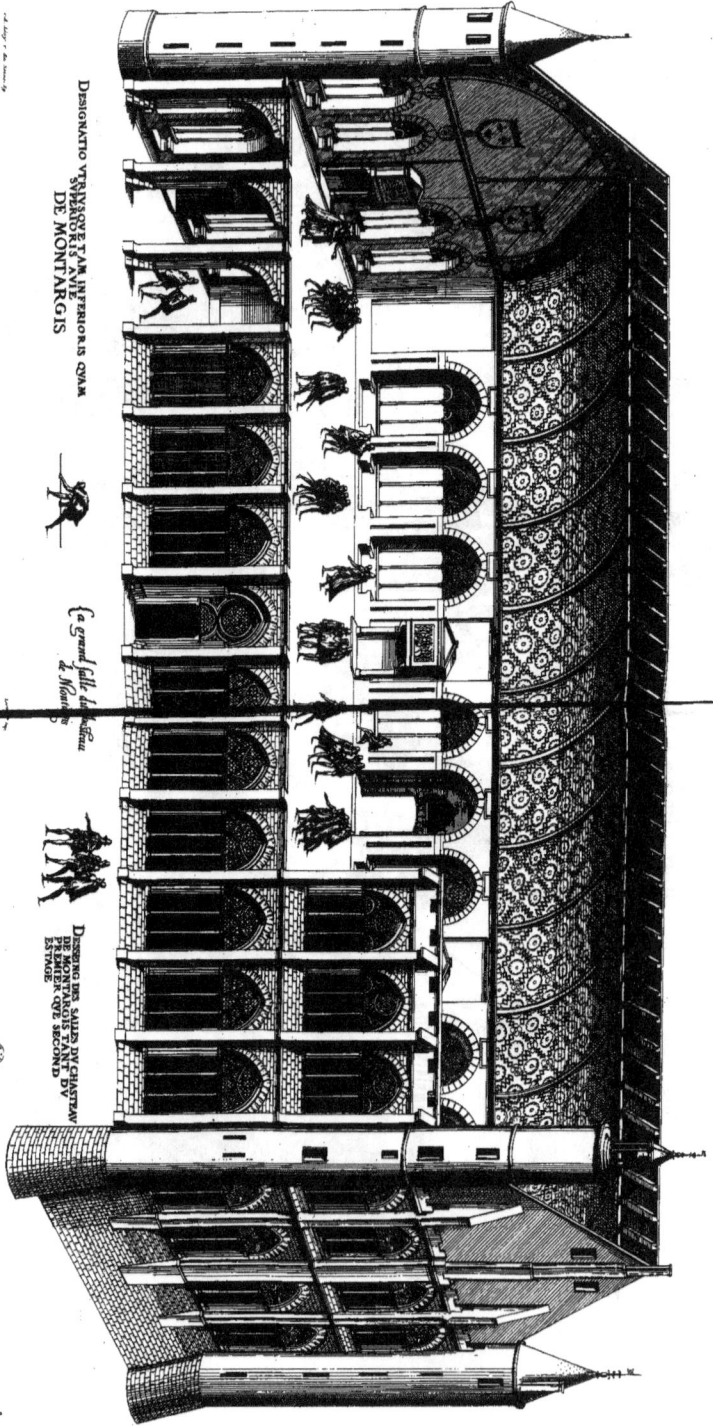

DESIGNATIO VTRIVSQVE TAM INFERIORIS QVAM
SVPERIORIS AVLÆ
DE MONTARGIS

Ce grand sale du chasteau
de Montargis

DESSEING DES SALLE DV CHASTEAV
DE MONTARGIS TANT DV
PREMIER QVE SECOND
ESTAGE

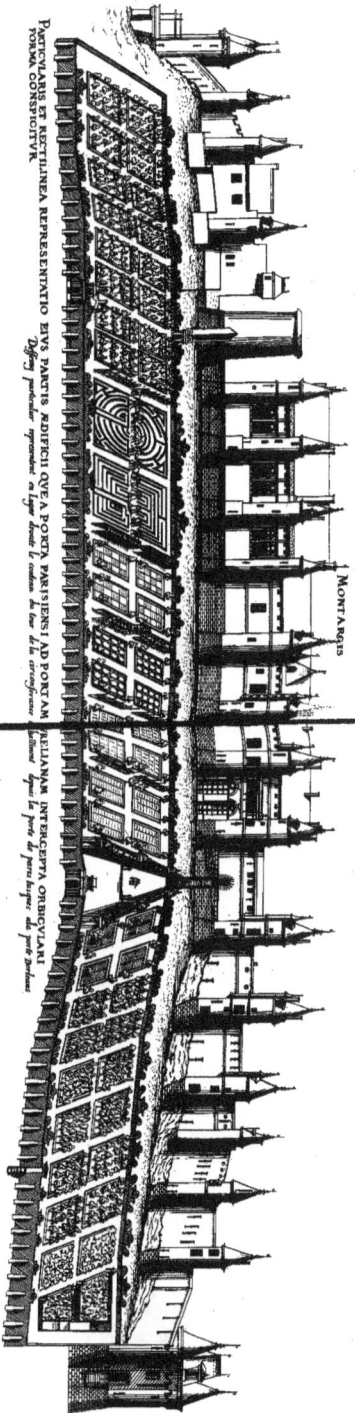

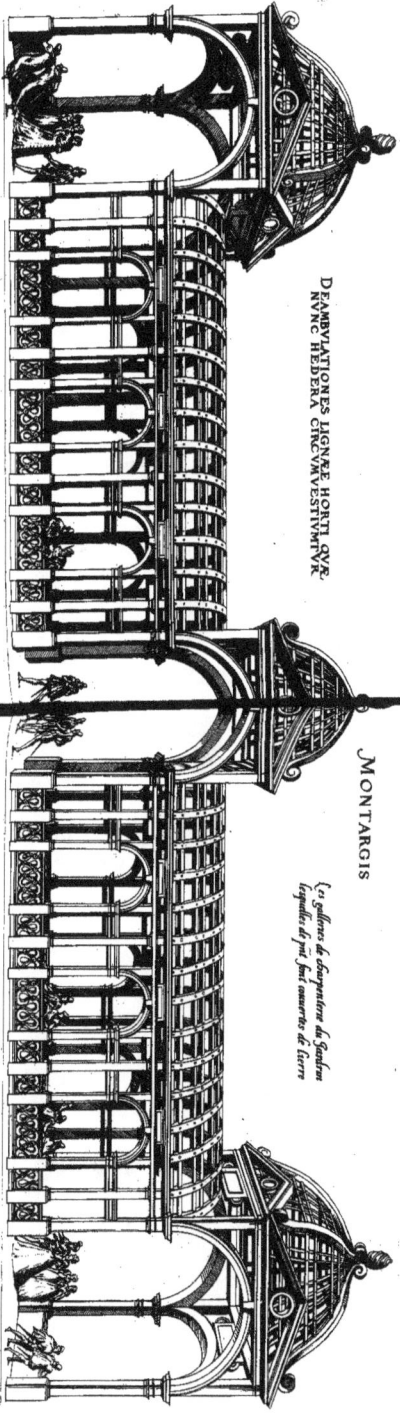

PARTICVLARIS ET RECTILINEA REPRESENTATIO EIVS PARTIS AEDIFICII QVÆ A PORTA PARISIENSI AD PORTAM AVRELIANAM INTERCEPTA ORBICVLARI FORMAM CONSPICITVR

*Diségn particulaire representant en Ligne droite le cœurs de la de la circonference*

DEAMBVLATIONES LIGNEÆ HORTI QVÆ NVNC HEDERA CIRCVMVESTIVNTVR

MONTARGIS

MONTARGIS

Les galleries de charpenterie du Iardin lesquelles dé-puis sont couuertes de lierre

# DE S. GERMAIN EN LAYE

E Baſtiment eſt aſſis ſur vn lieu aſſez hault eſleué, prochain de la riuiere de Seine, à cinq lieues de Paris. Ceſte place a eſté tenue par les Anglois durant leur ſeiour en France. Depuis eux eſtant dechaſſez, elle demeura quelque temps ſans entretien. Or eſt-il aduenu, que le Roy François premier, trouuant ce lieu plaiſant, feit abbatre le vieil baſtiment, ſans toucher neantmoins au fondement, ſur lequel il feit redreſſer le tout comme on le voit pour le iourd'hui, & ſans rien changer dudit fondement, ainſi que lon peult cognoiſtre par la Court d'vne aſſez ſauuage quadrature. Les paremens tant dedans que dehors, & encongnures, ſont de brique aſſez bien accouſtree : & y eſtoit ledit Sieur Roy en le baſtiſſant ſi ententif, que lon ne peult preſque dire qu'autre que luy en fuſt l'Architecte. En aucuns corps de ce logis y a quatre eſtages. En celuy de l'entree y en a deux, dont le deuxieſme eſt vne grande ſalle. Les derniers eſtages ſont voultez : choſe grandement à conſiderer, à cauſe de la largeur des membres. Vray eſt, qu'à chaſcun montant y a vne groſſe barre de fer, trauerſant de l'vn à l'autre, auec gros crampons par dehors, tenans leſdites voultes & murailles liees enſemble, & fermes. Sur ces voultes, & par tout le deſſus du circuit du baſtiment eſt vne terrace de pierres de liais, qui fait la couuerture, leſquelles portans les vnes ſur les autres, & deſcendans de degré en degré, commencent du milieu du hault de la voulte vn peu en pente, iuſques à couurir les murailles. Et eſt ceſte terrace, à ce que ie croy, la premiere de l'Europe, pour ſa façon, & choſe digne d'eſtre veüe & conſideree. Ce lieu eſt accompagné d'vn bois, qu'on appelle la Foreſt de Haye, en laquelle le meſme Roy François feit baſtir vn logis, nommé la Muette, duquel nous parlerons en ſon endroit. Outre plus il y a vn iardin de bonne grandeur. Dauantage, la veue d'iceluy du coſté du Midi eſt autant belle que lon ſçauroit deſirer : comme ainſi ſoit, que de ce Chaſteau on voit l'aſſiette de Paris, Montmartre, le Mont Taluerien, S. Denys, & pluſieurs autres lieux aſſez lointains. Ledit baſtiment eſt accompli de ſes foſſez regnans entour, de huict toiſes de large, dans leſquels eſt vn ieu de paulme. A l'entree eſt la baſſe court, fermee partie de cloſtures, & corps de logis bien ſimples, & en icelle vne fontaine. Apres la mort dudit Roy François, vint à regner Henry deuxieſme, ſon fils, lequel pareillement aima le lieu. Ainſi ce Roy, pour l'amplifier de beauté & commoditez, feit commencer vn edifice ioignant la riuiere de Seine, auec vne Terrace, qui a ſon regard ſur ladite riuiere : enſemble les fondemens d'vn baſtiment en maniere de Theatre, entre la riuiere & le Chaſteau, comme verrez par le plan que ie vous en ay deſſigné. En la routte principale du bois, & aſſez prochain du lieu, eſt vne Chapelle neufue, couuerte en dome. Pour venir de Paris en ceſte maiſon royale, il fault paſſer trois ou quatre bacs, ſi ce n'eſt que ſortant du droict chemin, vous euitiez la ſubiection de ces paſſages d'eaux. Au reſte, par les plans & eleuations vous verrez & entendrez le contenu du lieu.

SAINCT GERMAIN

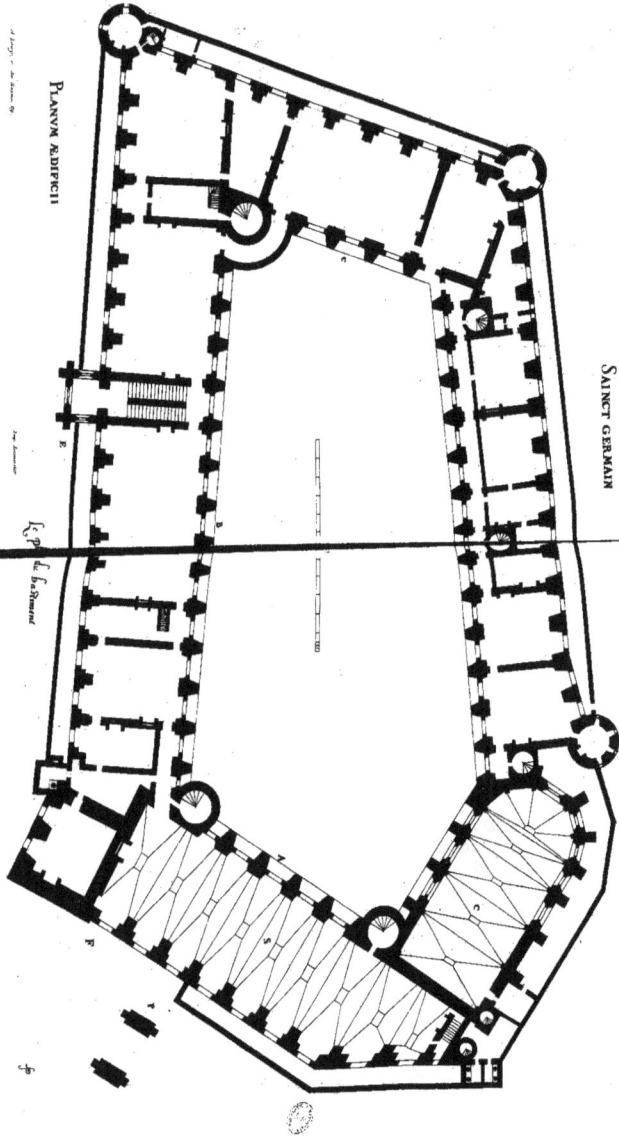

Le plan du Bastiment

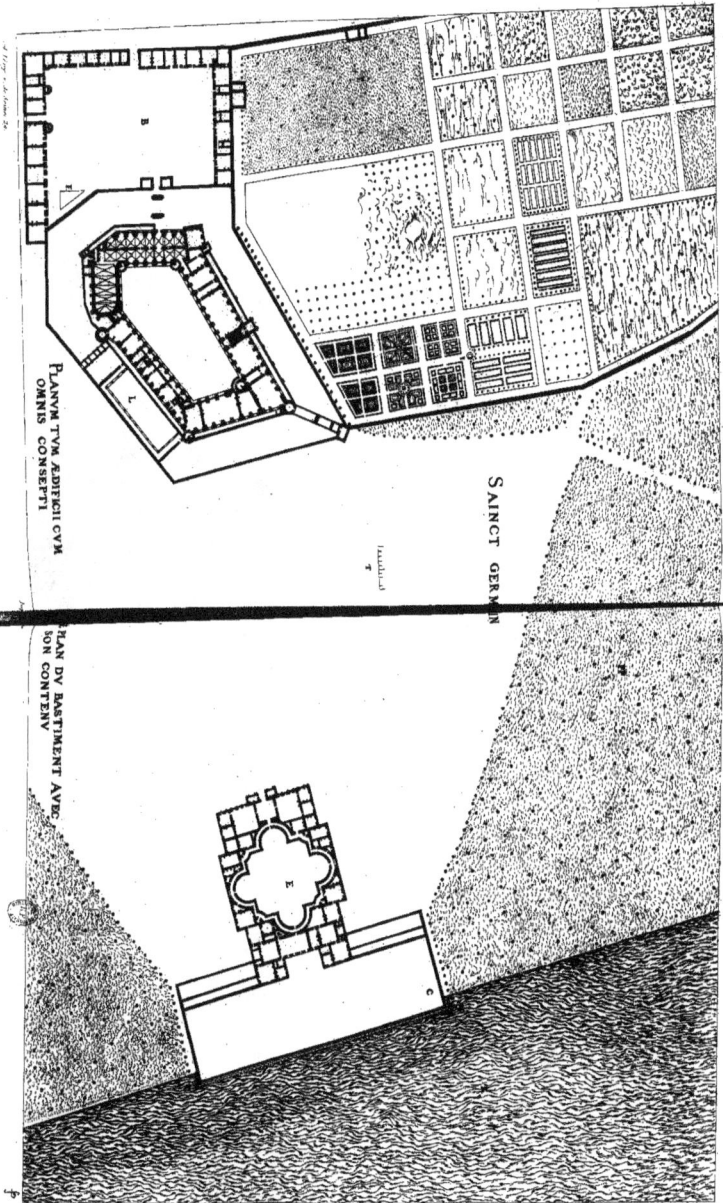

PLANVM TVM ÆDIFICII CVM
OMNIS CONSEPTI

SAINCT GERMAIN

PLAN DV BASTIMENT AVEC
SON CONTENV

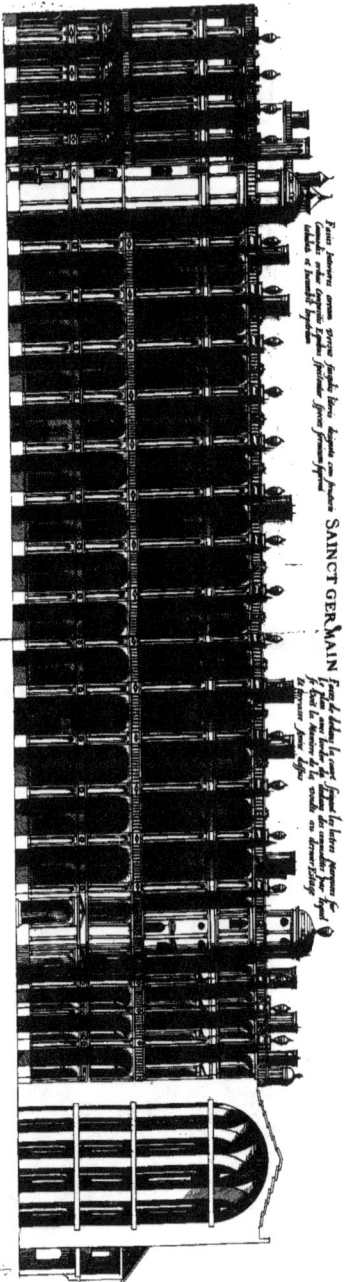

SAINCT GERMAIN

FACIES EXTERIORES SVB PLANVM SIGNATE .B.
FACES DV DEHORS MARQVEES SVR LE PLAN .B.

SAINCT GERMAIN

SAINCT GERMAIN

ÆDIFICIVM NOVVM IN
ANTERIORE PARTE THEATRI

LE LOGIS NEVF DV DEVANT
DV THEATRE

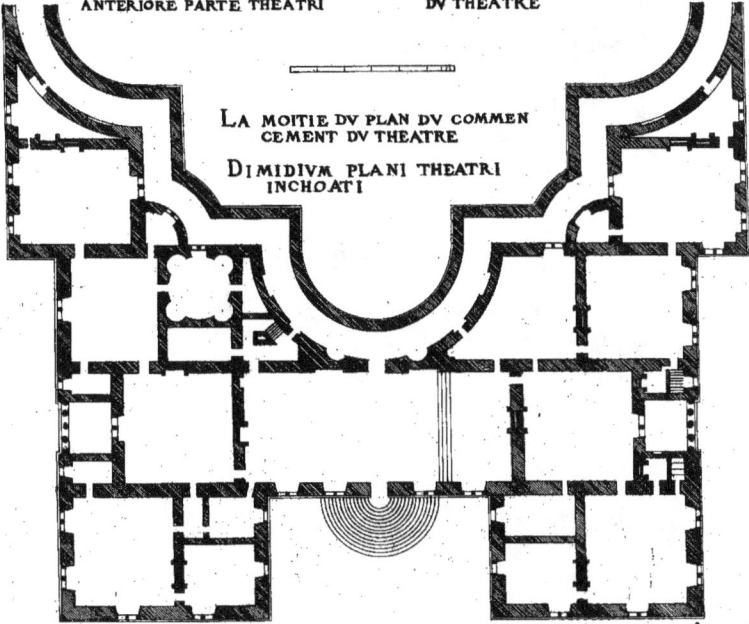

LA MOITIE DV PLAN DV COMMEN
CEMENT DV THEATRE

DIMIDIVM PLANI THEATRI
INCHOATI

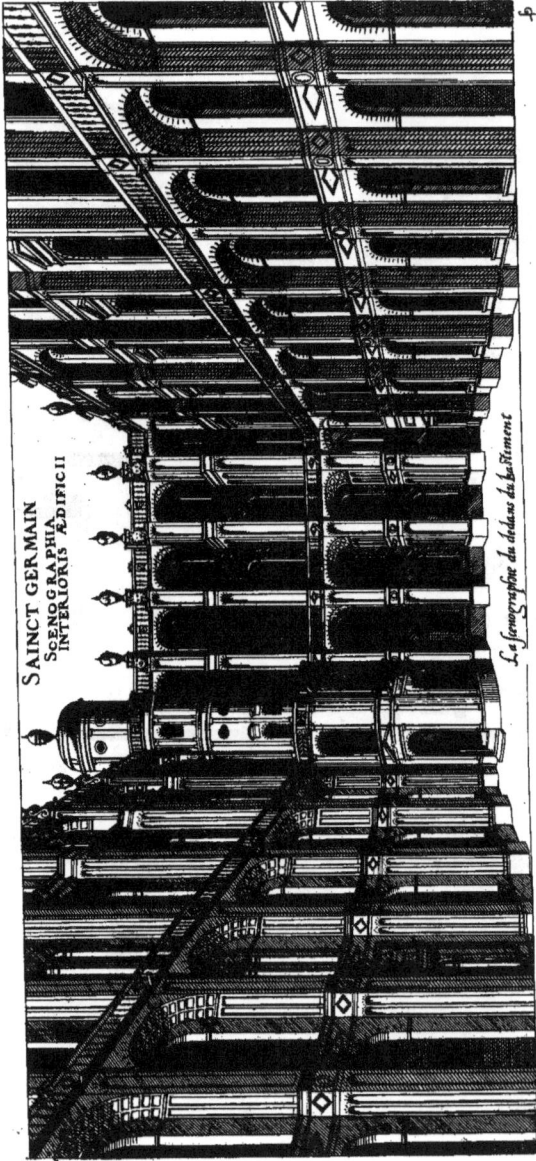

SAINCT GERMAIN
SCENOGRAPHIA,
INTERIORIS ÆDIFICII

La scenographie du dedans du bastiment

# LA MVETTE

ᴇ baſtiment a eſté edifié par feu François de Valois, Roy de France, premier de ce nom. Lequel apres auoir fait baſtir le Chaſteau de S. Germain en Laye, voyant iceluy luy eſtre tant à gré, comme d'eſtre accompaigné d'vn bois ſi prochain, il choiſit vn endroit en iceluy, pres d'vn petit mareſcage, diſtant de deux lieuës dudit chaſteau, où les beſtes rouſſes laſſees du trauail de la chaſſe ſe retiroyent : & y feit dreſſer ceſte maiſon, pour auoir le plaiſir de veoir la fin d'icelles, & la nomma la Muette, comme lieu ſecret, & ſeparé, & fermé de bois de tous coſtez : Toutefois eſtant baſtie royalement, elle ne ſe peult tenir ſi muette ne cachee, qu'elle n'apparoiſſe oultre le bois de ſa grandeur. Touchant l'edifice, il eſt fait ſuyuant, & tout ainſi que celuy de S. Germain : à ſçauoir tous les ornemens de bricque par le dehors. Quant au plan & commoditez du dedans, cela eſt d'autre ordonnance : n'eſtant qu'vne maſſe, accompagnee de quatre quadres, autrement pauillons, és coings. Sur le deuant, du coſté de l'entree, eſt vn eſcallier de fort bonne ordonnance : au milieu duquel, comme apparoiſt par ce plan, y a vne allee, qui le ſepare en deux : & dont les montees ſont pareilles de chaſque coſté, ſoient montans ou deſcendans, reſpondans icelles à chacun eſtage. Pour le regard des membres des commoditez du dedans : en premier il y a le principal eſcallier, auec quatre viz ou montees, prinſes entre le corps du milieu & les quatre quadres. Audit corps du milieu, à chacun eſtage eſt vne ſalle & deux chambres : à chacun quadre vne chambre, garderobbe et priué. Oultre ce, y a vne petite Chapelle ſur le derriere. Ce baſtiment en ſon dernier eſtage eſt voulté, ainſi que ledit Chaſteau de S. Germain, & la terrace deſſus. Mais depuis feu Philebert de l'Orme, Architecte, voulant eſleuer le lieu encores plus hault ou eminent, y feit faire vn comble d'ais en vne demie circonference, & icelle couurir d'ardoiſe. Là deſſus, à la cime, il pratiqua encore vne petite allee, qu'il feit couurir de plomb : de laquelle on deſcouure de toutes parts à l'enuiron, qui eſt vne belle choſe. Neantmoins depuis eſt aduenu, que ladite couuerture par le moyen de la terrace ſ'eſt affoncee de ſorte, que ie croy que, qui n'y mettra ordre, le tout ſ'affoncera auec le temps : comme de vray le reſte ſ'en va de iour à autre en ruine totale, attendu qu'il n'eſt habitué n'y entretenu.

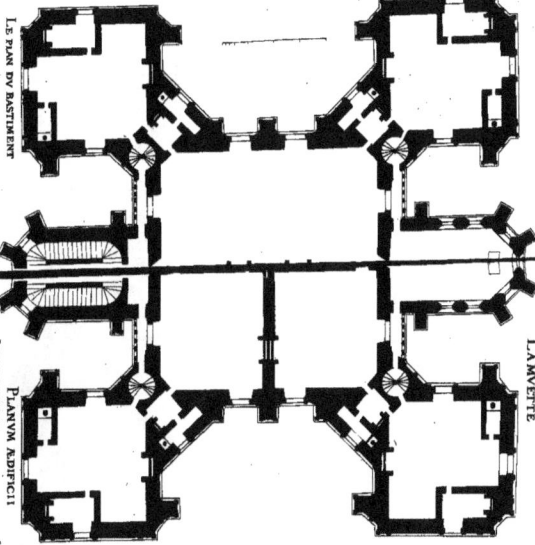

LE PLAN DV BASTIMENT

PLANVM ÆDIFICII
ICHNOGRAPHIVM

LA MVETTE

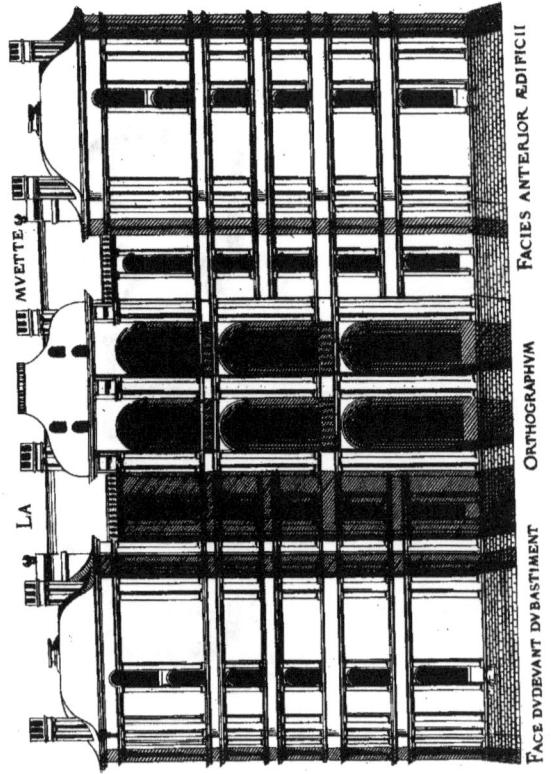

FACE DV DEVANT DV BASTIMENT   ORTHOGRAPHVM   FACIES ANTERIOR ÆDIFICII

LA MVETTE

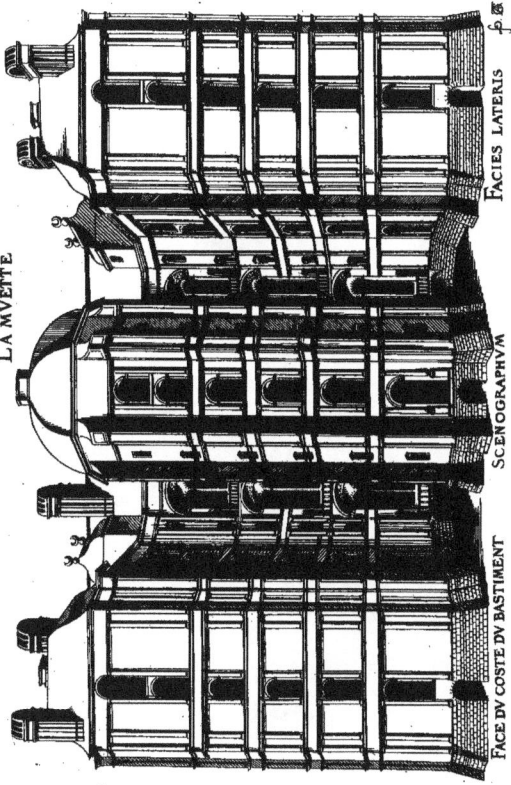

LA MVETTE

FACE DV COSTE DV BASTIMENT

SCENOGRAPHVM

FACIES LATERIS

# LE CHASTEAV DE VALLERY

ᴇ lieu de Vallery, Seigneurie ainſi nommee, eſtoit autrefois vn vieil Chaſteau, que feu le ſeigneur Mareſchal de S. André a enrichi & augmenté de ſon temps, de tout ce qui y a eſté fait de neuf, comme de preſent apparoiſt. Le logis eſt eſleué ſur vn tertre, au deſſus du bourg. Or feit iceluy ſeigneur abbattre vne partie dudit vieil baſtiment, & en la place leuer deux corps d'hoſtel, auec vn pauillon au coing, de treſbelle ordonnance, & ſuyuant l'art antique : le parement deſquels, tant dedans que dehors, ſont de pierre & brique, à ſçauoir les croiſees, encoigneures, moulures, portes, & enrichiſſemens, de pierre blanche, & le reſte brique, l'vn & l'autre autant bien aſſis & paré, qu'il eſt poſſible de faire. Ce pauillon a eſté ſuyui en partie ſur celuy du Louure, non pas que ce ſoit la meſme ordonnance, ny aux enrichiſſemens, ny aux commoditez : mais pour ce que que il n'y a rien que beau & bon. Pour le regard des aiſances du dedans, vous les pouuez cognoiſtre par les plans, tant du premier que ſecond eſtage, que ie vous en ay deſſeigné. Et quant au reſte du vieil Chaſteau, auec partie du cloz d'iceluy, cela ſert auiourd'huy de baſſecourt. Le lieu eſt accompagné d'vn Parc, d'aſſez bonne grandeur, (ainſi qu'il ſe voit par le toiſage des meſures du plan) clos & bien fermé. Ioignant iceluy eſt vn autre cloz, pareillement fermé, contenant dixſept arpens, où ſont de toutes ſortes de plans de vignes, tant d'Orleans, Couſſy, Beaulne, Muſcats, Anjou, que tous autres des plus exquis. Oultre ce y a vn grand Iardin, diſtant quelque peu du logis, du coſté de Midy, fermé en parement par dedans, d'arcs de brique : à l'Occident duquel eſt vne gallerie, qui contient vingtneuf arceaux : & au bout de chacun coſté d'icelle, vn pauillon d'aſſez belle monſtre, & ſuffiſante commodité. A l'oppoſite de ceſte gallerie, oultre le iardin, eſt vne chauſſee, faiſant ſeparation d'iceluy & d'vn eſtang. Ceſte maiſon depuis la mort dudit ſeigneur Mareſchal aduint à feu monſieur le Prince de Condé, & la tiennent pour le iourd'huy ſes hoirs. Elle eſt diſtante de Fontainebleau de v. lieuës, & de Sens iiii. lieuës & demye : ayant Fontainebleau pour Septentrion, & Sens pour Midi. Deuers le Septentrion ſe voyent pluſieurs ſortes d'arbres plantez à la ligne, enſemble vn grand commencement de cloſture, faiſt du viuant dudit feu ſeigneur Mareſchal, qui par ſon decez eſt demeuré imparfait. Au reſte, ce lieu eſt accomply de pluſieurs ſingularitez, comme Heronnerie, & telles autres choſes qui pourroyent y eſtre requiſes.

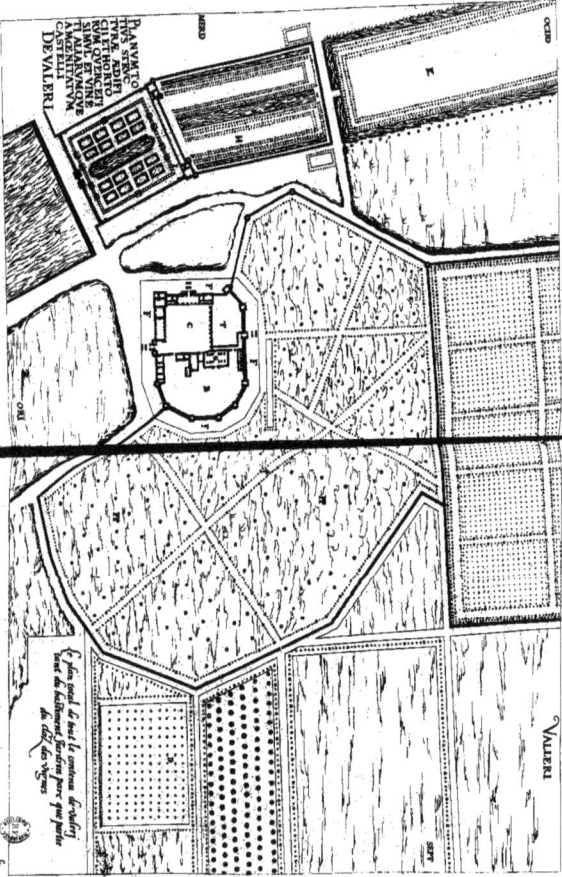

OCCID

MERID

NORD

ORIENT

VALLERI

DE VALLERI

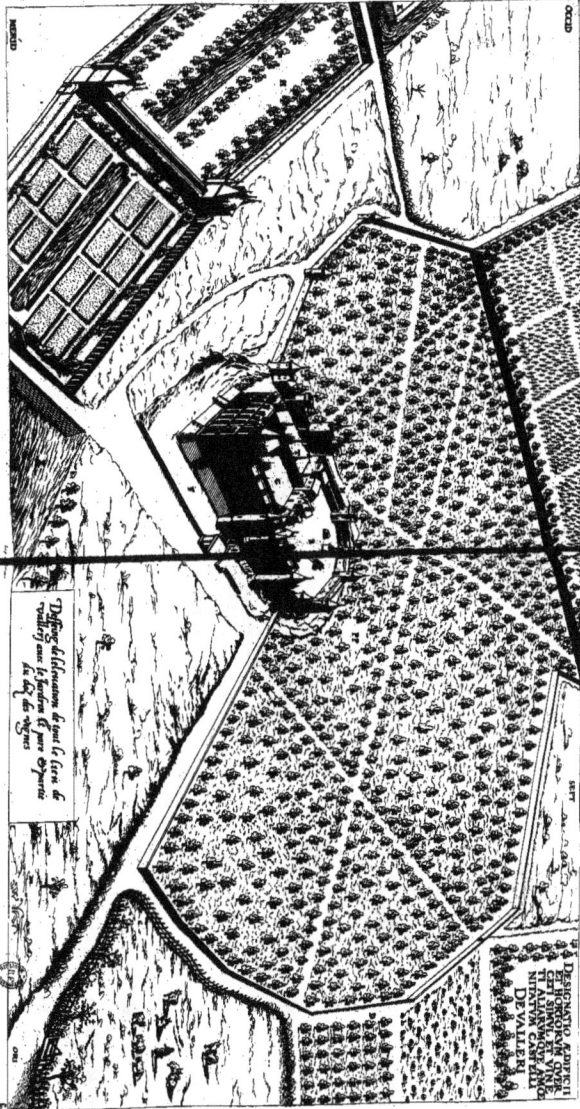

OCCID

MERID

SEPT

Desseing & eslevation de tout le lieu &
vallée, auec le Iardin & pur & partie
le Cg. de Vignes

DESIGNATIO MODVLI
CVI SIMVL ET VINE-
TALVM COMPLEC-
DE VALLERI

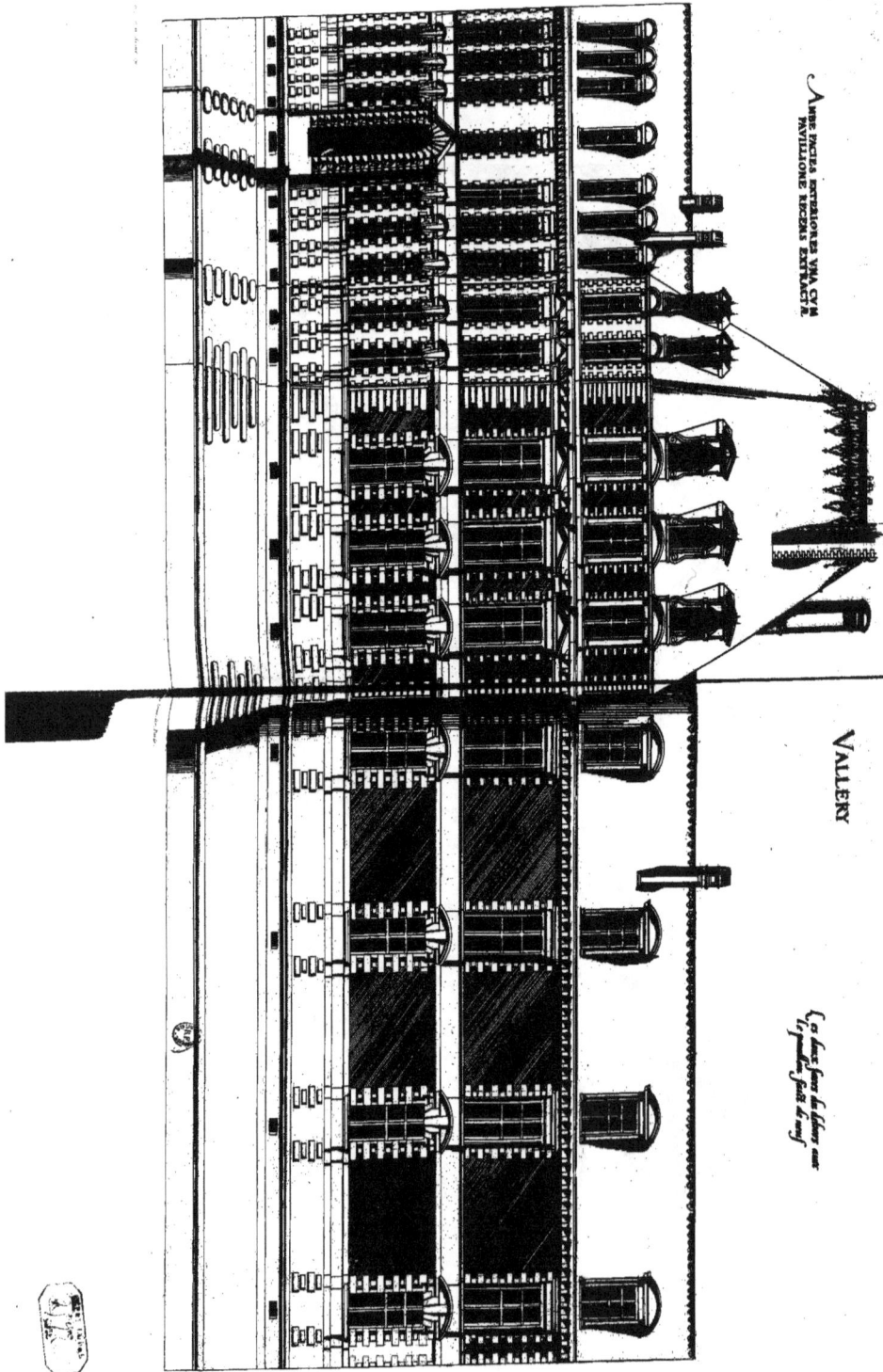

AMBÆ FACIES EXTERIORES VNA CVM
PAVILLIONE RECENS EXTRACTA.

VALLERY

Ce ſont ſur les filleres auec
le pauillon fait le neuf

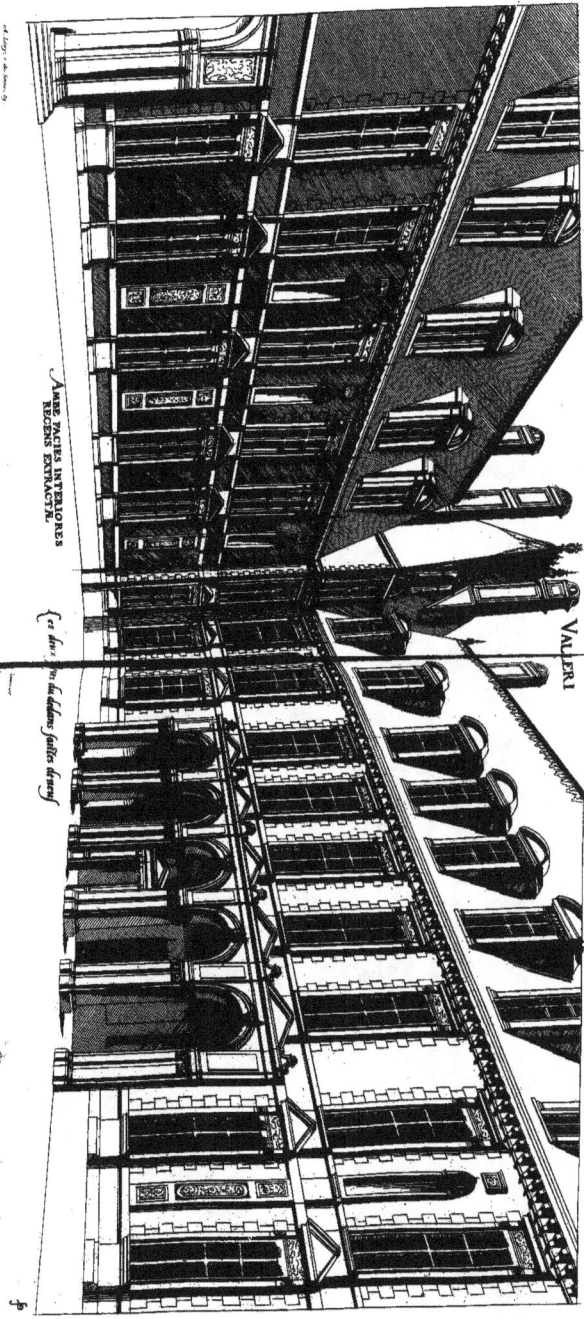

AEDE FACIES INTERIORES
RECENS EXTRACTÆ

VALERI

{ ces deux ... en dedans faites de neuf

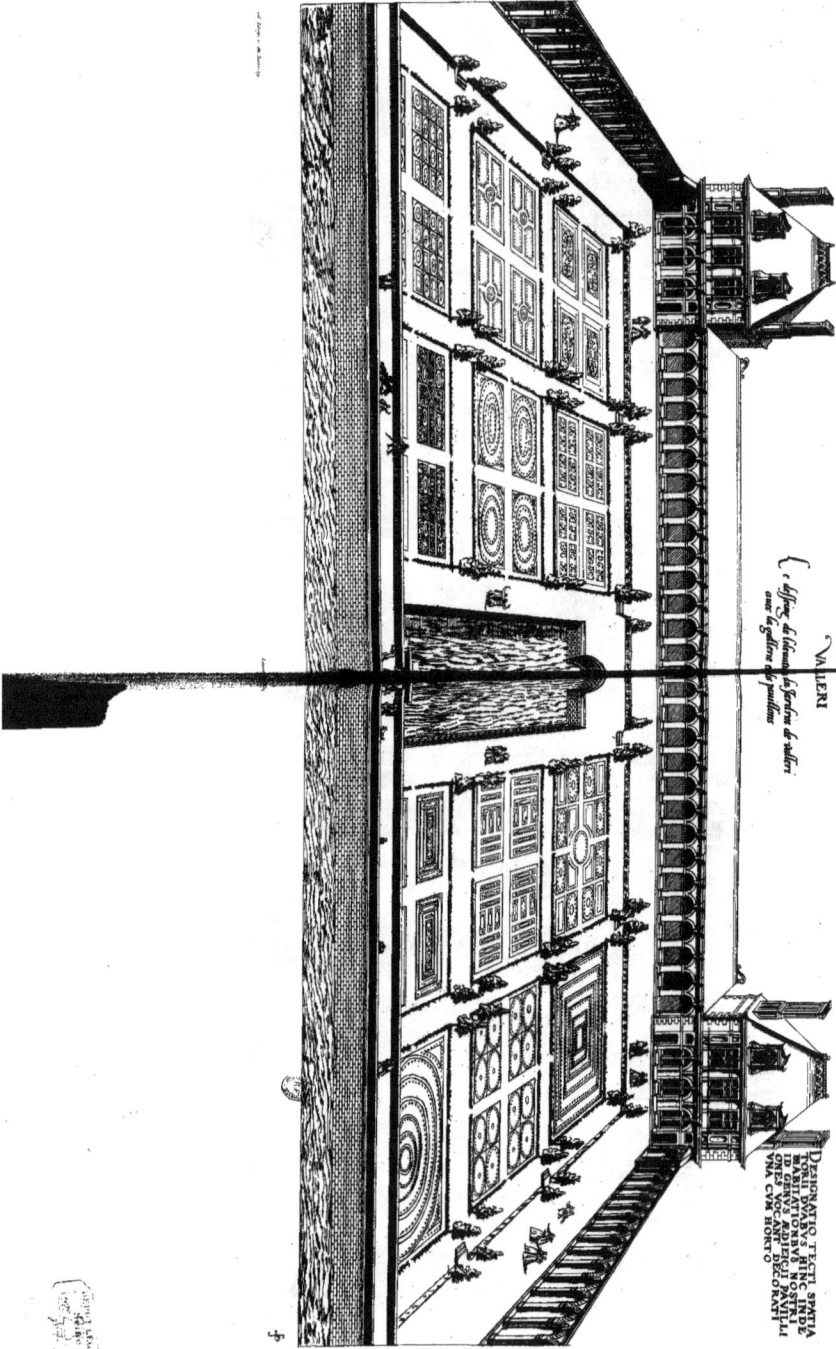

VALERI

Ce disegno di Giardino de Valeri con le gallerie de pallone

DESIGNATIO TECTI SPATIA
MANIFVIDONVS HINC INDE
ID GENVS AEDIFICIJ PAVLLI
ORES VOCCANT DECORATI
VNA CVM HORTO

# LE CHASTEAV DE VERNEUL

VERNEVL eſt vn lieu aſſis en Picardie, à vn quart de lieuë de la Foreſt de Hallatre, & autant de la riuiere d'Oiſe, à deux lieuës de Senlis, & douze de la ville de Paris. Là eſt vn vallon de grand plaiſir, ayant des deux coſtez comme deux montaignes. Dans ce vallon eſt le vieil Chaſteau, fort commode, & d'aſſez belle monſtre, comme pouuez voir par le plan & eleuation que ie vous en ay deſſeigné. Ce lieu eſtant à monſieur Philippe de Boulinuillier, homme fort amateur de l'Architecture, il eut deſir d'y faire quelque œuure ſingulier : de ſorte qu'il feit commencer vn edifice ſur l'vne des ſuſdites montaignes deuers le Parc, qui eſt le coſté meſme, où eſt baſty l'ancien logis. Et ainſi deſſeignant premierement la court de dixhuit toiſes en quarré, ſa deliberation fut de dreſſer quatre corps de logis entour icelle, ſuyuant l'Art d'Architecture, comme apparoiſt par ce qui en eſt faict : ſi que ie puis dire auec ceux qui ſe cognoiſſent en telle beſongne, qu'elle ne trouuera gueres ſa ſeconde. En outre, auoit ordonné places eſdits quatre corps, du coſté de la court, pour y eſtablir par figures entieres les quatre Monarchies, ainſi que le commencement au coſté de la gallerie, le demonſtre. Ce baſtiment a ſon regard d'vne part, ſur le val, & de l'autre oppoſite ſur le parc, qui eſt vne plaine. Or de dire l'occaſion, pourquoy le ſuſdit ſeigneur commença vn tel edifice, ie ne penſe point qu'elle fuſt autre, ſinon que faiſant les foſſez ou precipices, il prenoit la pierre dedans, qui ne luy couſtoit qu'à tailler : ioinct que ceſte pierre eſt tendre, & ſ'endurcit de nature auec le temps, miſe en œuure, eſtant de celle qu'on appelle communément Troſſy, ou S. Leu. Quant à cognoiſtre auſſi de quelle ordonnance deuoit eſtre conduit le baſtiment, non ſeulement pour le regard de la maçonnerie, mais pour les commoditez & plaiſirs, qu'il auoit accommodez au val, enſemble la richeſſe des faces, & autres particularitez du lieu ſuyuant ſa deliberation, cela ſe pourra ſçauoir par les plan & montees generalles, & deſſeins que vous ay figurez. Depuis aduenant ceſte maiſon à monſeigneur de Nemours, qui de long temps deſiroit auoir quelque belle place en France, & n'en trouuant de plus propre à ſon gré : l'ayant dy-ie à ſoy, y a ia fait faire, au lieu de deux petits pauillons entarmez à chacune encoigneure du baſtiment par le dehors, vn grand pauillon, qui ſont quatre pour tout l'edifice. Mais pour plus eſclarter l'œuure, ſon intention eſt de dreſſer ſur le deuant, vers le val, vne ſalle de trente toiſes de long ſur cinq de large, & vne chambre à chaque coſté, reuenantes à la largeur de la ſalle, le tout couuert en terrace, & ayans vn meſme regard : de maniere que ſortant du logis neuf, on entrera en la terrace, regardant touſiours vers ce val : qui rendra vne grande beauté, attendu que le vallon eſt accommodé de iardins, canaux, allees couuertes d'aulnes, & toutes circuies d'iceux canaux, auec vn eſtang entre leſdits iardins, & le bourg. Quant eſt des allees, il y en a deux principales : l'vne, de bonne longueur : & l'autre, que ledit ſeigneur de Nemours a fait continuer iuſques à vn Moulin, eſtant au bout de l'eſtang : en ſorte qu'elle circuit du coſté du val à la montaigne oppoſite à celle du baſtiment. Il y a d'auantage, aſſauoir, que ceſte montaigne eſt la garenne : & l'autre, où eſt aſſis le baſtiment, c'eſt le Parc, (au milieu duquel eſt la venue au Chaſteau par vne routte droicte) accommodé d'allees fort plaiſantes & diuerſes : d'autant que, iaçoit qu'elles ſoient à niueau, elles ne laiſſent d'aller en montant & deſcendant, par le moyen qu'aux angles, & au milieu d'aucunes d'icelles ſe trouuent de petits eſcalliers : & ſont ces allees ainſi pratiquees pour monter du vieil Chaſteau au neuf, & du neuf deſcendre au vieil, & compriſes dans le bois dudit Parc, & fermees tant pardeſſus, que de coſté & d'autre : tellement que conſiderant le tout, me reuenoient en memoire ces Labyrinthes anciens. Le Parc eſt de bonne grandeur, lequel n'eſt toutefois remply de bois : & dans iceluy vn vallon, enrichi de pluſieurs autres belles allees couuertes d'arbres, auec vn Dedalus.

PLANVM VETERIS ET RECENS INCHOATI AEDIFICII
TVSCVLANI HORTIS IISDEM INCLVSI CVM TOTO
RELIQVO PROCINCTV QVERCETI VSVE VIVA
VORTICVLA

VIRIDVL

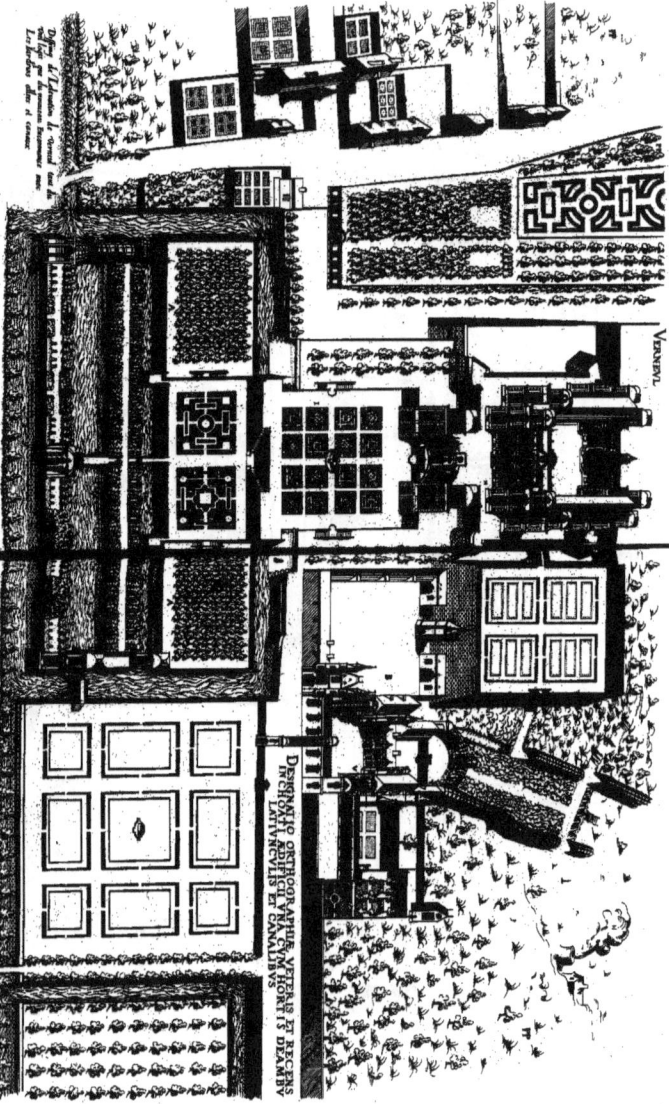

VERNEVL.

DESIGNATIO ORTHOGRAPHIÆ VETERIS ET RECENS
INCHOATI ÆDIFICII VNA CVM HORTIS DEAMBV
LATIVNCVLIS ET CANALIBVS

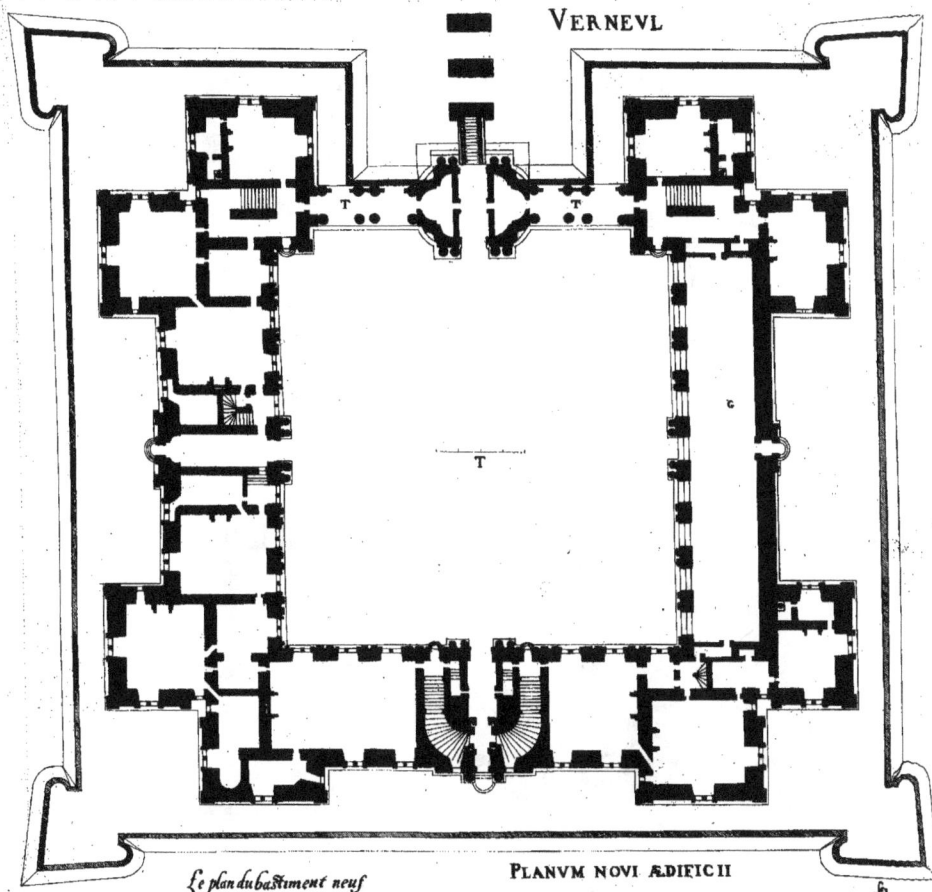

VERNEVL

VERNEVL

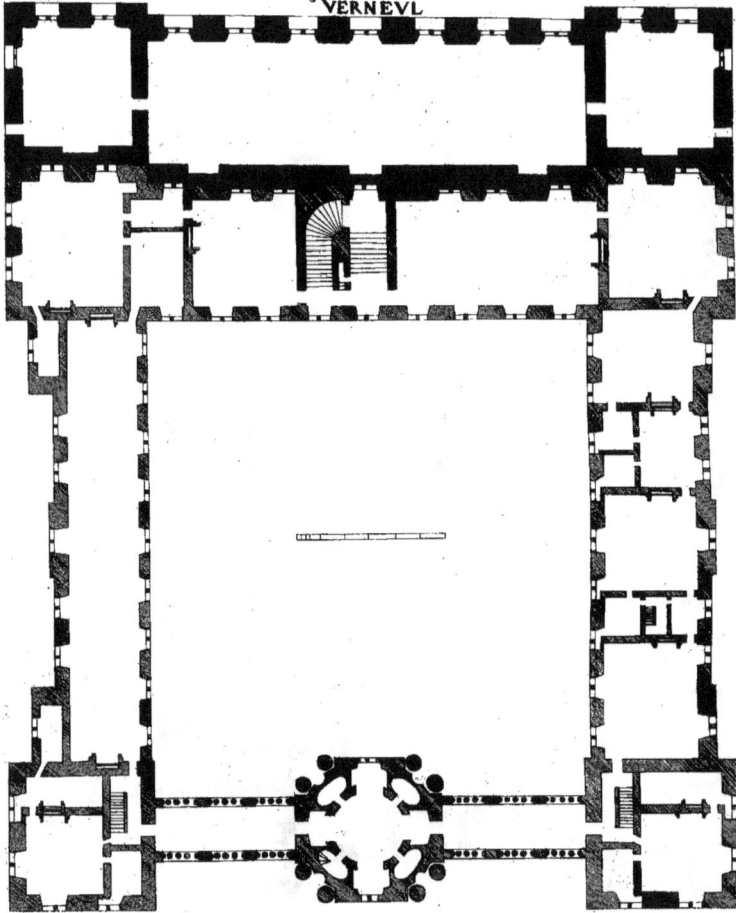

LA MONSTRE DV BASTIMENT DV COSTE
DV PARC QVI EST L'ENTREE

VERVM

FACIES INGRESSVS

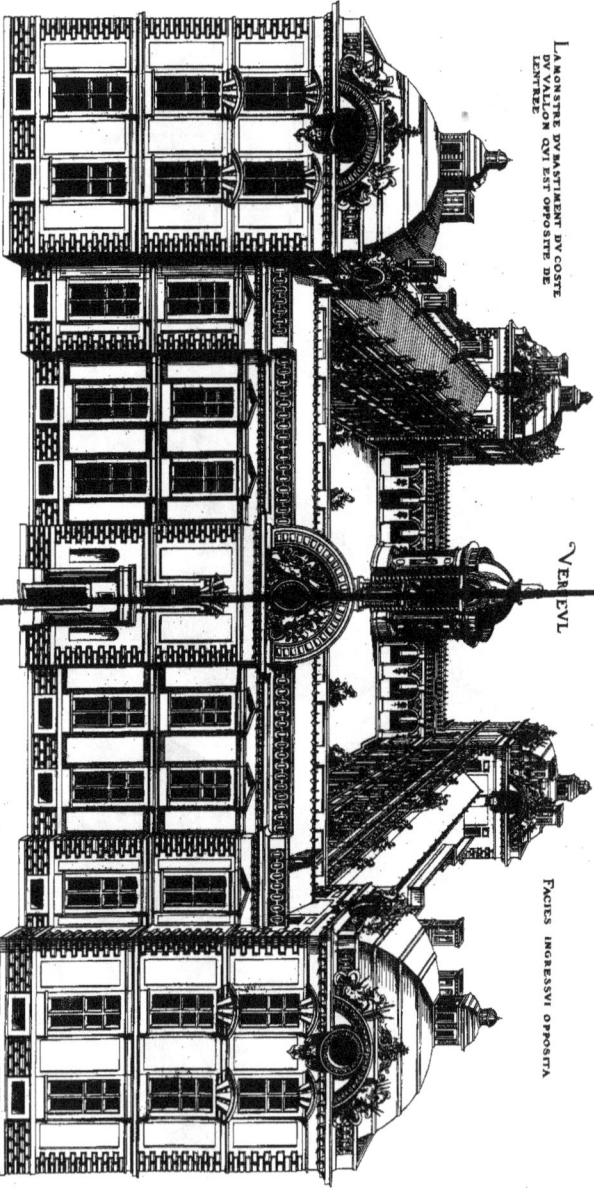

VER EVL

LA MONSTRE DV BASTIMENT DV COSTE
DV VALLON QVI EST OPPOSITE DE
L'ENTRÉE

FACIES INGRESSVI OPPOSITA

Sur dans la cour, vipartie, a celle ci
dessus la côté du pont, laquelle va
sé parachevée

FACIES INTERIOR, QVÆ AREA SPECTAT OPPOSITA
EXTERIORI QVÆ EST VIVARIVM VERSVS
VTRAQVE INCHOATA

DEAMBVLATIO AREAM SPECTANS

VERNEVL

*Galerie dans la court*

VERNEVL

DESIGNATIO HÆC EST AD DEMONSTRANDAM
FACIEM HYPETRÆ QVÆ ANTE NOVVM
ÆDIFICIVM CONSTRVENDA ERAT

Ce deßeing auoit esté arresté pour la face
de la terraße qu'estoit deuant le logis neuf

FONS HORTO DESTINATA

VERNEVL

FONTAINE POVR LE IARDRIN

# CHASTEAV DE ANSSY LE FRANC

E baftiment eft affis au pais de Bourgongne, en vne plaine, coftoyé du cofté de Septentrion d'vne montaigne, de laquelle fe peult voir entierement tout le contenu, comme de haulte veuë : & diroit on prefque, en confiderant l'edifice, qu'il a efté tout fait en vn iour, tant il rend de contentement à l'œil. En ce Chafteau y a quatre corps de logis, autant bien fymmetriez, que l'architecture gardee. Aux quatre coings font auffi quatre pauillons quarrez, & la court au milieu, de quatorze toifes en fon quarré. Chacun corps a deux eftages, le galletas deffus, & chacun pauillon, trois, auec le galletas deffus : & les offices au deffoubs. Les murailles, tant des corps que pauillons, font d'vne toife d'efpeffeur : qui fait, que le baftiment eft auffi bien fondé, que de lieu pareil que lon fcauroit gueres veoir : de forte que qui confiderera la fufdite efpeffeur, iugera incontinent d'vne obfcurité rendue aux membres du dedans. Toutefois lon cognoift tout le contraire : & n'y a chofe neceffaire pour feruir à vn baftiment, foit d'eleuation des eftages, & embraffe-mens des feneftres, foit en beauté & clarté, qui y defaille. Et de ma part, ie trouue ce logis bien mignard, & à mon gré, non feulement à caufe de l'edifice, mais auffi pour certaines fingularitez qui y font. Entre autres y en ay remarqué vne, dont en tous les baftiments que i'ay veus, n'ay point trouué la pareille : Affauoir, que oultre le foffé, qui ioinct le logis, y a vne terrace, de trois toifes de large, eleuee du foffé de deux toifes, ou enuiron, icelle terrace regnante entour les foffez, deuant les quatre faces du logis, comme le pouuez cognoiftre par le plan & eleuation. Et d'autant que ce baftiment eft en vne plaine, la terrace a tout le plaifir, que la veuë peult fouhaiter. Pres le logis eft le Iardin, & au bout d'iceluy vn petit fort de bois, ainfi qu'il eft figuré par ce deffein. Touchant la mefure du lieu, tant en general, que chacune piece en particulier, elle fe comprendra par la toife marquee audit plan.

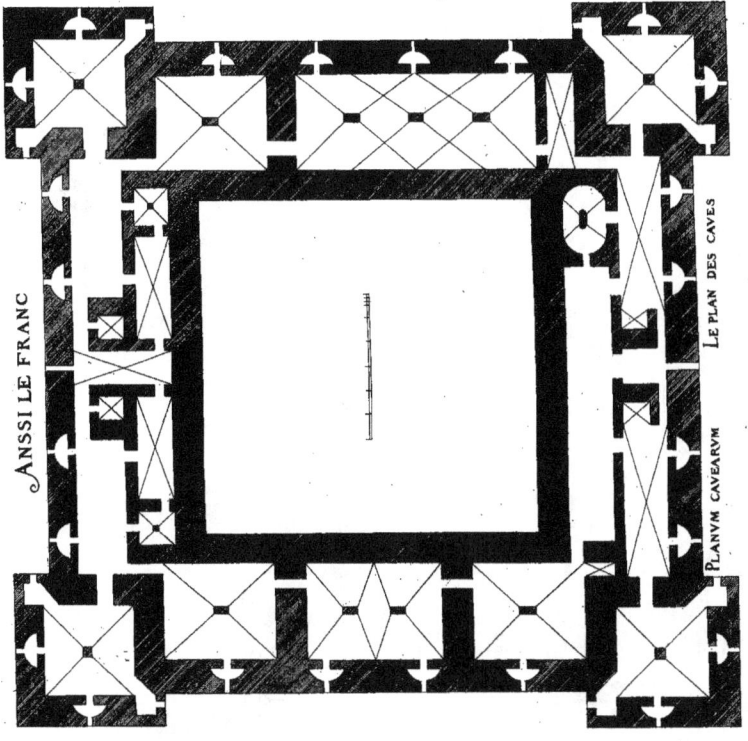

ANSSI LE FRANC

PLANVM CAVEARVM          LE PLAN DES CAVES

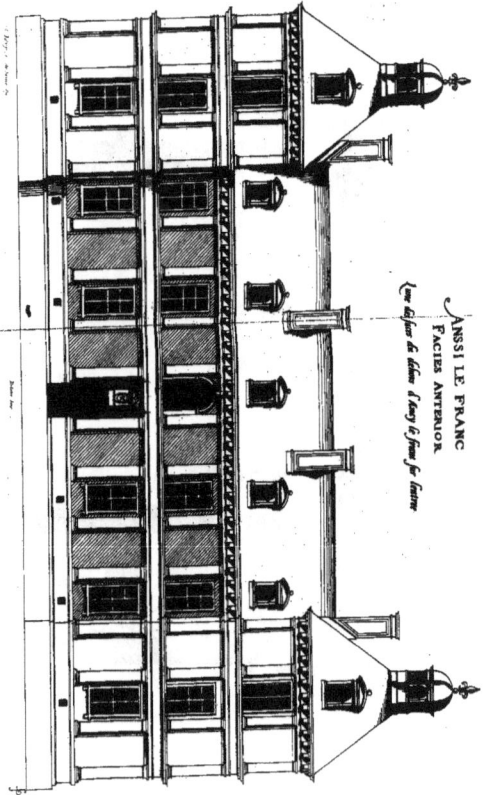

ANSSI LE FRANC

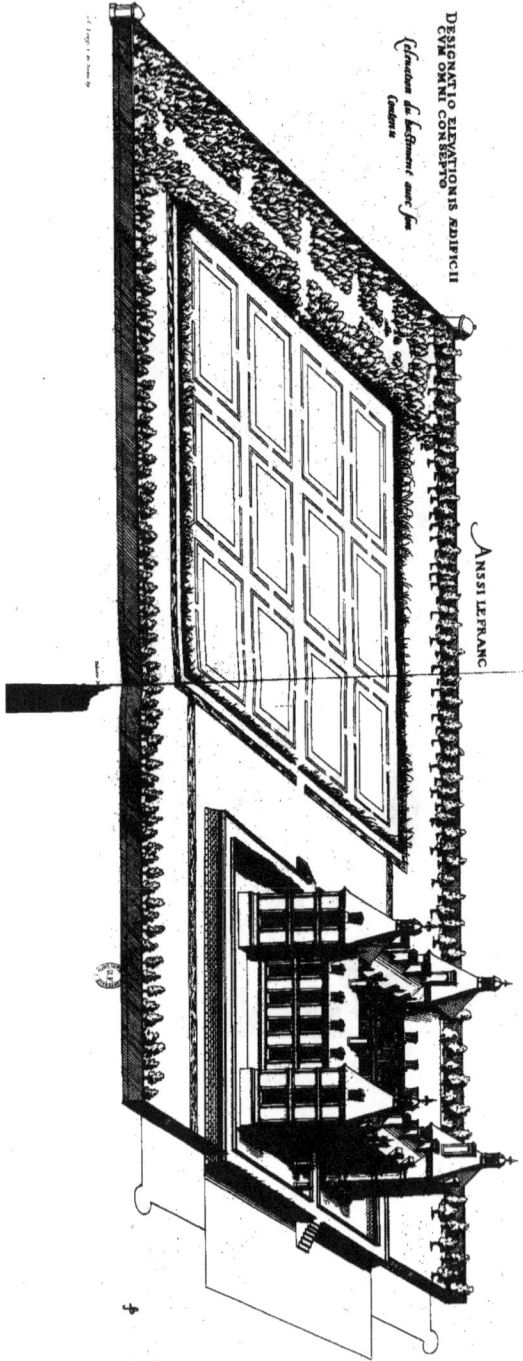

DESIGNATIO ELEVATIONIS ÆDIFICII
CVM OMNI CONSEPTO

*Elevation du batiment avec sa
Couture*

ANSSI LE FRANC

ANSSI LE FRANC
FACIES ANTERIOR

*Une Esface de lettre D'anoy le front fur l'antre*

ANSSI LE FRANC

Le plan du bastiment avec son Contour

PLANVM TVM ÆDIFICII CVM ET SVIS CONSEPTIS

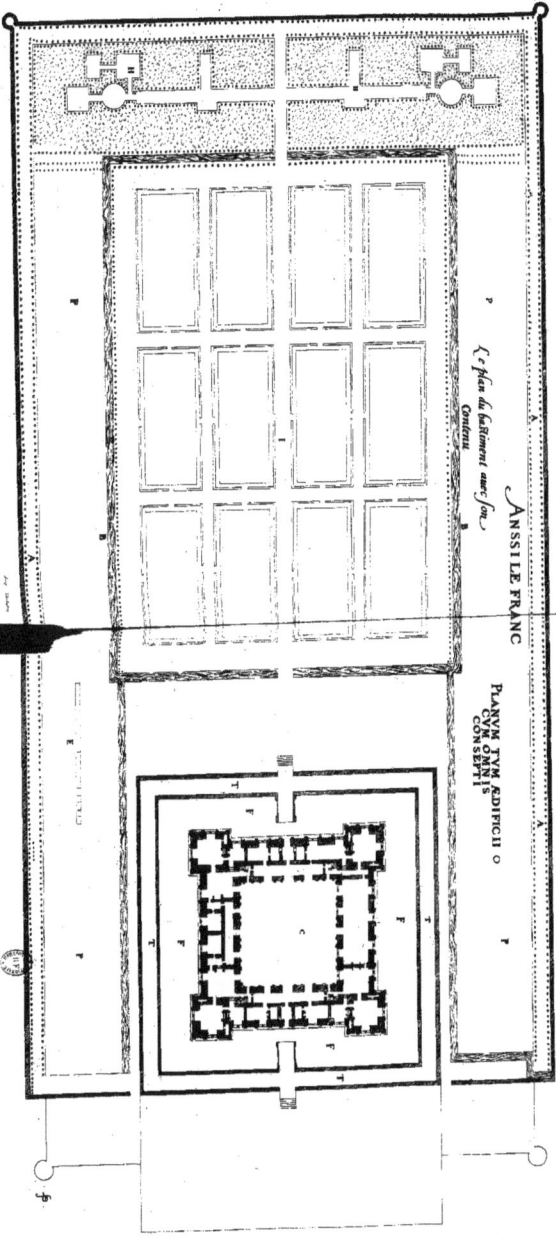

Ce se fait dans la cour

ANSSI LE FRANC

FACIES INTERIOR

# LE CHASTEAV DE GAILLON

E baſtiment eſt au pais de Normandie, diſtant de la ville de Rouen, capitale du pays, dix lieuës. Il eſt eſleué ſur vn tertre, ayant le regard fort beau du coſté de l'Orient : auquel coſté paſſe encores la riuiere de Seine, à vn quart de lieuë pres. Ce lieu fut ainſi dreſſé par vn Cardinal d'Amboiſe, du viuant du Roy Loys douziefme : & eſt fort bien baſty, de bonne matiere, & d'vn riche artifice, toutefois moderne, ſans tenir de l'antique, ſinon en quelques particularitez, qui depuis y ont eſté faites. En la court eſt vne grande fontaine de marbre blanc, bien enrichie d'œuure. Au pied du Chaſteau eſt le bourg, la montee duquel eſt aſſez malaiſee, encores qu'il y ait moyen d'y faire des eſcalliers, qui ſe pourroyent pratiquer auec certaines terraces, qui ſe trouueroyent en hault au deuant du baſtiment. Ce logis eſt accommodé de deux beaux iardins : l'vn deſquels eſt au niueau d'iceluy : & entredeux vne place, en maniere de terrace, que monſieur le Cardinal de Bourbon à preſent fait approprier d'edifices, tant au niueau dudit logis, que au pied de la terrace, adiouſtant à ce bas vne gallerie d'aſſez bonne ordonnance ſelon l'antique, qui regarde ſur le val. Or eſt ce iardin accompli d'vne autre belle gallerie & plaiſante, digne d'eſtre ainſi appelee, à cauſe de ſa longueur, & du moyen comme elle eſt dreſſee, ayant ſa veuë d'vn coſté ſur le iardin, & de l'autre ſur ledit val, vers la riuiere. Au milieu du iardin eſt vn pauillon, où ſe voit encores vne fontaine de marbre blanc./Quant à l'autre iardin il eſt comprins en ce val, ſur lequel la gallerie a ſon regard merueilleuſement grand, & où ſeroit facile faire de grandes beautez : ioignant lequel eſt vn Parc de vignes, dependant de la maiſon, non fermé. Outre plus au meſme val, tirant vers la riuiere, ledit Sieur Cardinal a fait eriger & baſtir vn lieu de Chartreux, abondant en tout plaiſir. Il y a dauantage en ce lieu vn Parc, auquel ſi voulez aller, ſoit du logis, ou bien du iardin d'enhault, il fault ſouuent monter, tant par allees couuertes d'arbres, que terraces, qui touſiours regardent ſur le val : & continuant vous paruenez iuſques à vn endroit, où eſt dreſſee vne petite Chapelle, & vn petit logis, auec vn rocher d'hermitage, aſſis au milieu d'vne eauë, ayant la cuue quarree, & entour icelle des petites allees à ſe pourmener : pour auquel entrer il fault paſſer vne petite baſcule. Pres de là ſe voit vn petit iardin, & dans iceluy force piedeſtaux, ſur leſquels ſont poſees des figures entieres de trois à quatre pieds de hault, de toutes ſortes de deuiſes : auec ce quelques allees bercees, couuertes de couldres : eſtant la place de ceſt hermitage fort mignarde & iolie, & autant plaiſante qu'autre qui ſe puiſſe trouuer. Paſſant oultre, vous venez à vn autre lieu, baſti ſur vne eauë, qu'on appelle la Maiſon blanche. Son premier eſtage eſt comme vne ſalle, ouuerte à arcs de trois coſtez, ayant ſon regard dans l'eauë. L'autre coſté eſt vne montee, auec quelques petites garderobbes. De ceſte montee l'on va en hault, où ſont pareilles commoditez que deſſous, excepté qu'au lieu d'arcs ce ſont feneſtres quarrees. En la ſalle baſſe, du coſté du buffet, y a comme trois fontaines quarrees de deux ou trois pieds, dans leſquelles on deſcend pour auoir l'eauë : & tout ſe voit d'icelle ſalle, auec quelques murailles garnies de niches. Somme, en ce parc y a tant d'autres ioliuetez, & le lieu eſt ſi plaiſant, que merueilles, comme le pourrez comprendre par l'ordre que i'ay tenu en la continuation des deſſeins que ie vous en ay figurez.

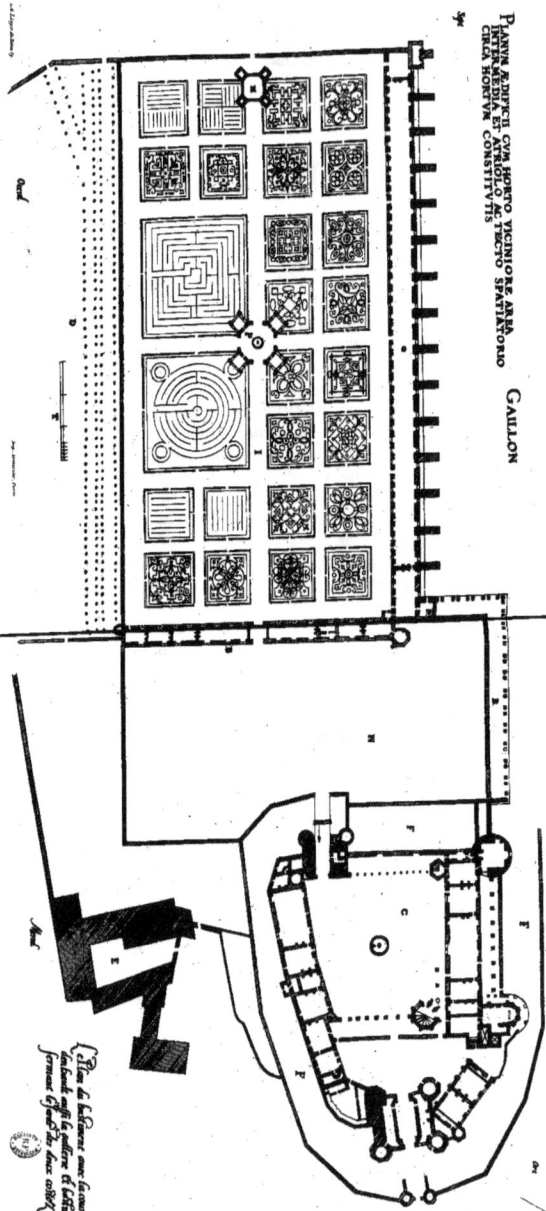

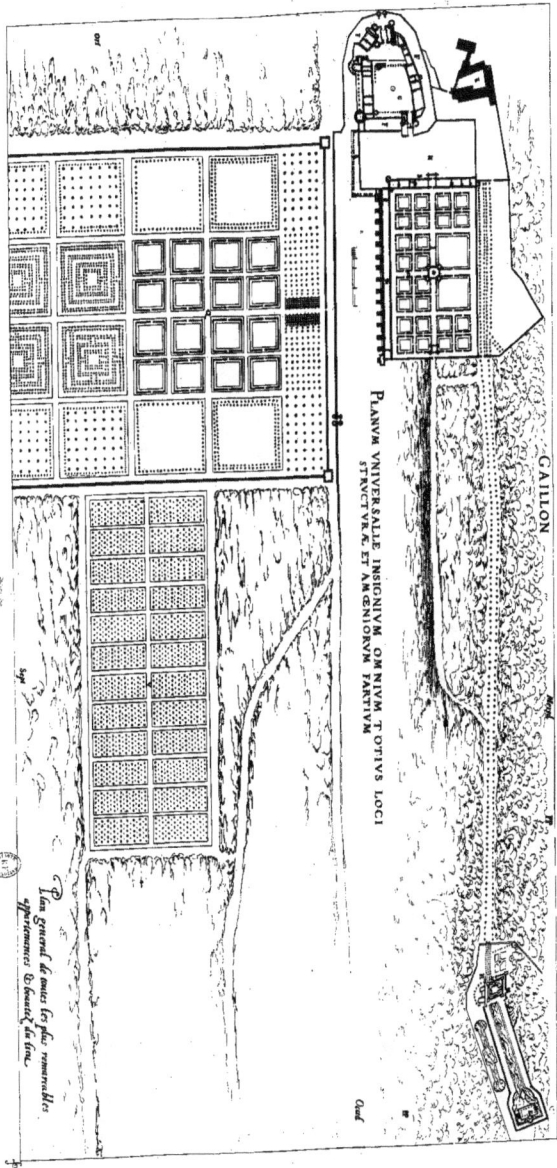

GAILLON

PLANVM VNIVERSALE INSIGNIVM OMNIVM TOTIVS LOCI
STRVCTVRÆ ET AMŒNIORVM PARTIVM

Plan general de toutes les plus remarquables
apartements & beauté du lieu.

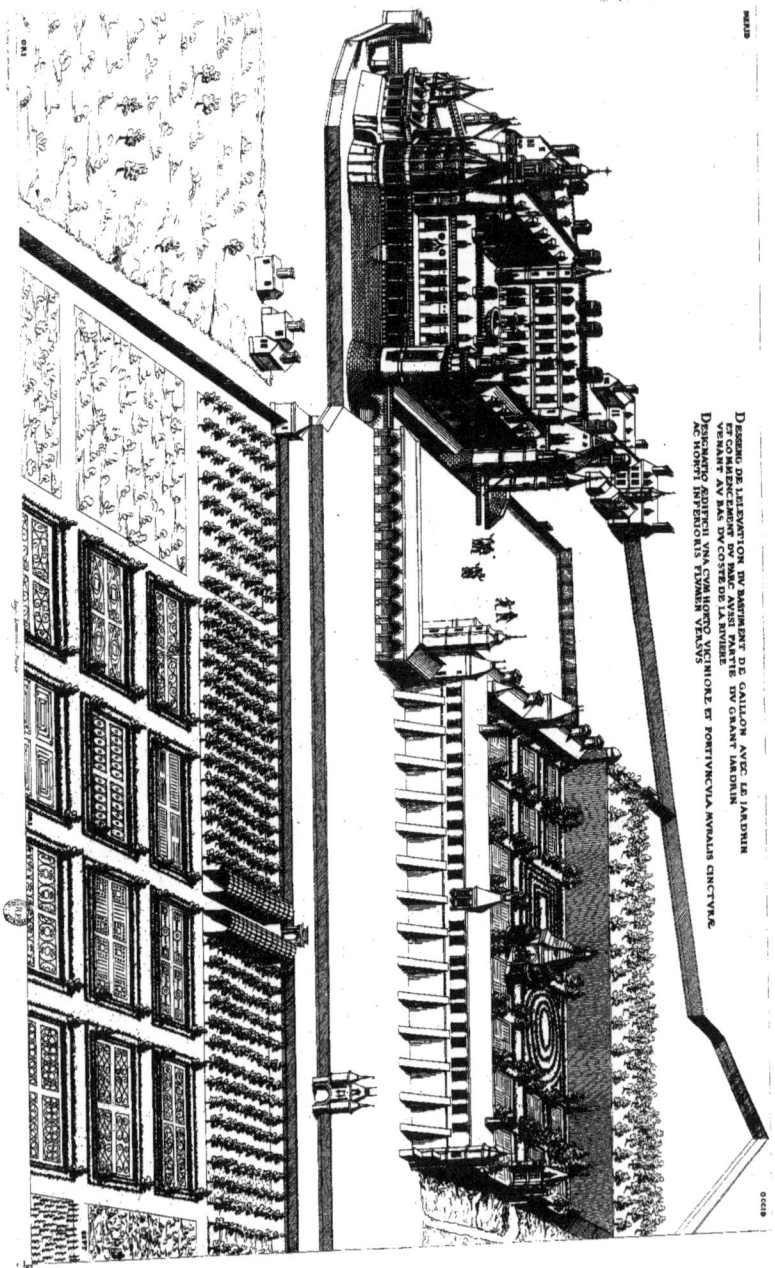

DESSEING DE L'ELEVATION DV BASTIMENT DE GAILLON AVEC LE IARDIN
ET COMMENCEMENT DV PARC AVSSI PARTIE DV GRANT IARDIN
VENANT AV BAS DV COSTE DE LA RIVIERE

DESIGNATIO AEDIFICII VNA CVM HORTO VICINIORE ET PORTIVSCVLA RVRALIS CINCTVR
AC HORTI INFERIORIS FLVMEN VALSVS

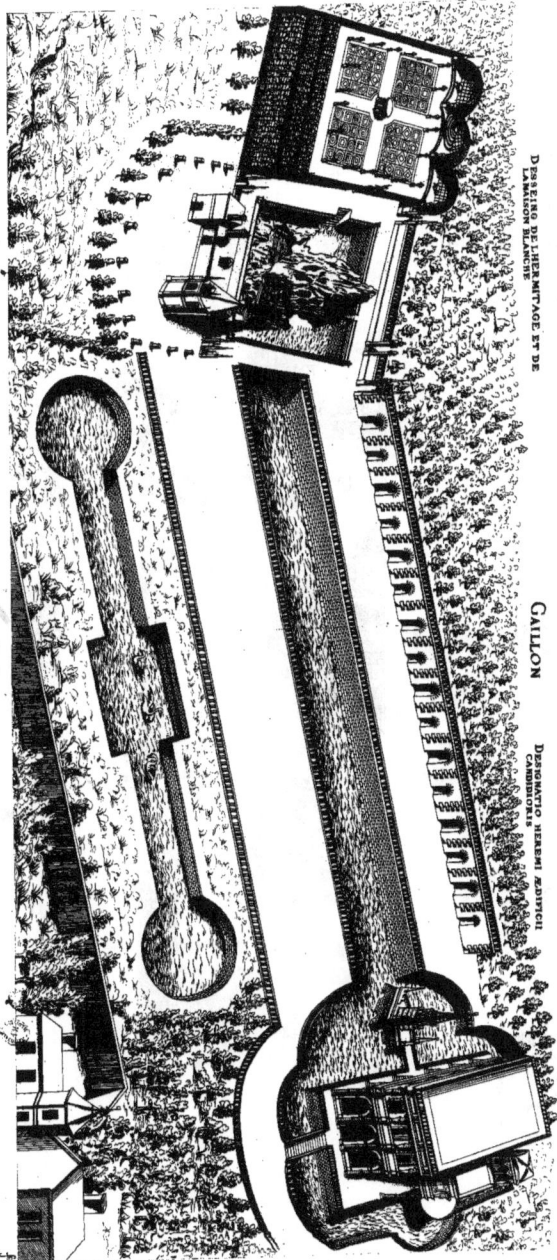

GAILLON

DESSEING DE L'HERMITAGE ET DE
LA MAISON BLANCHE

DESIGNATIO HEREMI ÆDIFICII
CANDIDIORIS

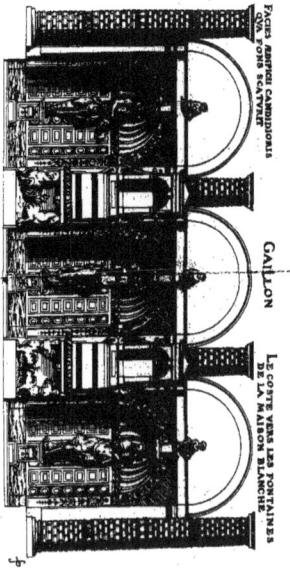

DESSEING PARTICVLIER DE L'ELEVATION TANT DV IARDIN DE LA GALLERIE
QVI DV COSTÉ DE L'OEIL FERMANT LES DEVX COSTÉS DE LA BASSE BAR... 

GAILLON

PARTICVLIER DESIGNATIO EIVSDEM HORTI VNA CVM ATRIOLO ET TECTO
IMITATIO... IO CIRCA VNA CONSTITVVNS

FACIES ÆDIFICII CANDIDIORIS EX
INFERIORIBVS VNA

GAILLON

VN DES COSTÉS DV DEDANS DE
LA MAISON BLANCHE

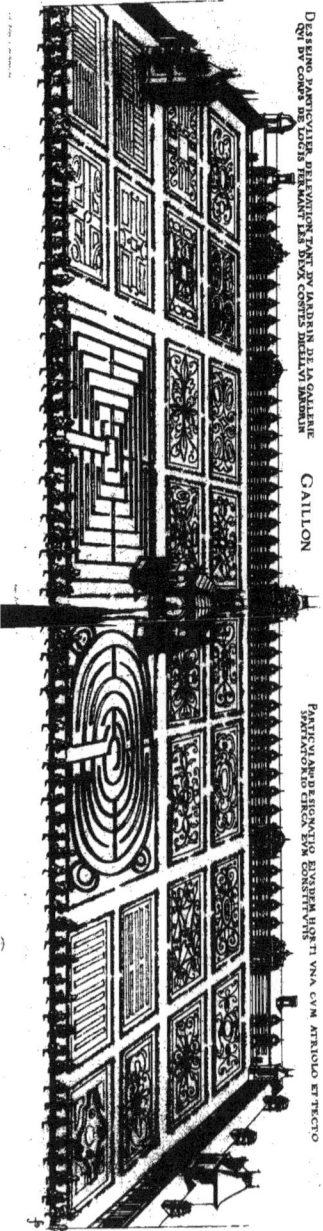

FACIES ÆDIFICII CANDIDIORIS
QVA FONS SCATVRIT

GAILLON

LE COSTÉ VERS LES FONTAINES
DE LA MAISON BLANCHE

GAILLON

LA FACE DV DEVANT DE LA MAISON BLANCHE    FACIES ANTERIOR AEDIFICII CANDIDIORIS

GAILLON

FONS MARMOREVS
SITVS IN AREA

LA FONTAINE DE
MARBRE DANS LACOVRT

# LE CHASTEAV DE MANNE

E baftiment eft affis en la Foreft de Manne, en Bourgongne, diftant de deux lieuës d'Anffy le franc : bafty par le feu Duc d'Vzés. Le plan de ce lieu eft vn pentagone, aux coings duquel par le dehors fe voyent comme cinq pieds deftaux, montans du bas iufques au hault de l'entablement. Le tout n'eft qu'vne maffe, ayant en fon centre & milieu vne fontaine par bas, en maniere de puits, & entour icelle vne montee, toute percee à iour, de laquelle on va aux membres: de forte que montant & defcendant l'on voit toufiours au fonds la fontaine. En ce baftiment y a poelle, eftuues, bagnoires, fort bien pra-tiquees, à caufe de la fontaine : enfemble falle, chambres, garderobbes, & toutes commoditez neceffaires à vn logis, chafcun eftage accommodé de ce qui y eft befoin. La couuerture eft comme vne poincte, & au deffus vne lanterne à iour, couuerte d'vn dome : autour de laquelle font pyramides, feruantes de conduits aux cheminees. Touchant la charpenterie des membres, elle eft tout autrement affife que de couftume. Car au lieu qu'en vne chambre on y met communément vne poultre & deux trauees, il y a en aucunes d'icelles quatre poultres, portans les coings au milieu des murailles de la chambre : tellement qu'au milieu du plancher eft vn quarré angulaire, auec quatre triangles és quatre coings du dit plancher. Aux autres chambres y a pareillement quatre poultres trauerfantes les vnes dans les autres, qui font plufieurs quadres, aucuns quarrez, les autres parallelogram-mes, & tous lefdits quarrez en plat fonds. Quant à la falle, les poultres y font pofees comme lon fait és trauees : mais au lieu d'icelles y a d'autres poultres trauerfantes & regnantes, entaillees les vnes dans les autres, de la longueur de la falle, à trois ou quatre pieds pres des murailles : de façon que par cefte maniere d'affiefement de poultres fe trouuent plufieurs quadres, & de diuerfes mefures, enrichis de moulures, en maniere de parquets. En l'vn des coings de ce baftiment eft le pont en bafcule, duquel on va à vne gallerie ouuerte par bas à arcs, & en galletas par le hault : & d'icelle à vne court ronde en maniere de theatre, où font baftis les offices. A l'oppofite du pont, l'on fort du mefme logis en vn Iardin, qui a en fon entree vne fontaine, où lon defcend quelques degrez : qui eft la mefme fource de celle du Chafteau. Entour ce lieu vous auez encor les commencemens des forts, dreffez fuyuant le deffein du plan que ie vous en ay figuré. Au furplus, tout ce qui eft d'excellent & remarquable en l'edifice, fe pourra facilement cognoiftre, tant d'iceluy plan, que de l'eleuation.

## ADVERTISSEMENT.

*Vous trouuerez à chacun plan la Toyfe marquee, auec laquelle & le Compas, pourrez veoir & cognoistre toutes les mefures d'vn chacun lieu, tant en particulier que de tout le general.*

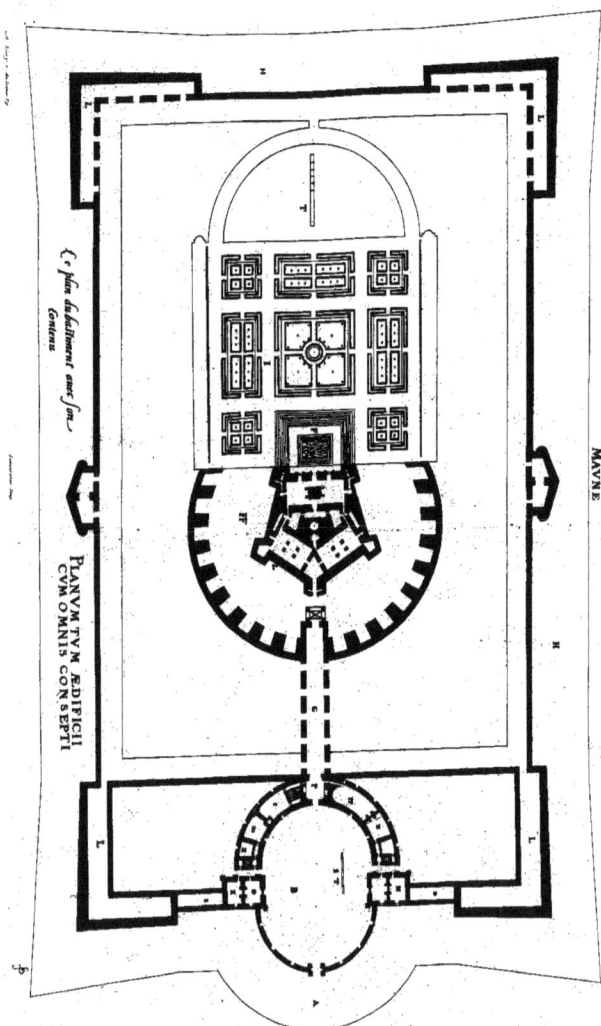

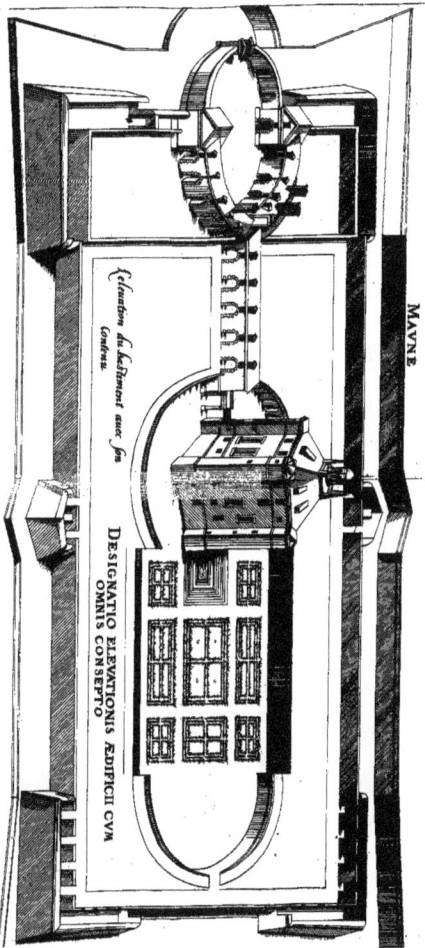

MAVNE

Elevation du bâtiment avec son
Conteur.

DESIGNATIO ELEVATIONIS ÆDIFICII CVM
OMNIS CONSEPTO